电力工程质量监督专业资格考试教材

金属与焊接 分册

电力工程质量监督总站　主编

中国电力出版社
CHINA ELECTRIC POWER PRESS

内 容 提 要

为全面提升电力工程质量，提升电力工程质量监督人员的岗位胜任能力，电力工程质量监督总站组织相关专业技术人员编写了《电力工程质量监督专业资格考试教材》，由十三个分册组成。本套教材全面系统、实用性强。

本书为《金属与焊接分册》，包括概述、焊接工程和金属部件实体质量监督检查、主要质量管理资料监督检查、质量监督检查常见质量问题及分析。

本套教材作为电力工程质量监督专业资格考试教材，也可供输电线路相关专业及管理人员参考使用。

图书在版编目（CIP）数据

电力工程质量监督专业资格考试教材. 金属与焊接分册/电力工程质量监督总站主编. —北京：中国电力出版社，2015.5

ISBN 978-7-5123-7395-2

Ⅰ. ①电… Ⅱ. ①电… Ⅲ. ①电力工程－工程质量监督－资格考试－教材②电力工程－金属材料－焊接－工程质量监督－资格考试－教材 Ⅳ. ①TM7

中国版本图书馆 CIP 数据核字（2015）第 054087 号

中国电力出版社出版、发行

（北京市东城区北京站西街 19 号 100005 http://www.cepp.sgcc.com.cn）

北京市同江印刷厂印刷

各地新华书店经售

*

2015 年 5 月第一版 2015 年 5 月北京第一次印刷

787 毫米×1092 毫米 16 开本 7.75 印张 171 千字

印数 0001—3000 册 定价 **25.00** 元

本书编委会

主　　编　孙玉才

执行主编　张天文

副 主 编　丁瑞明　白洪海

编写人员　沙宏明　宋　娟　郝晨光　牟春树

　　　　　韩伟丽　李宝石　姜晓云　武英利

　　　　　何志春

审　　核　张盛勇　贾秋枫　李　真　谢双扣

　　　　　甘焕春　程宝俊

前　言

　　工程质量监督是工程建设质量管理的基本制度，也是政府主管部门依法维护电力工程规范建设，保障工程质量安全的重要手段。随着我国电力工业的快速发展，电力技术水平不断提高，电力建设主体越来越多元化，为加强和规范电力工程质量监督工作，国家能源局分别于2012年9月和2014年5月印发了《电力工程质量监督管理体系调整方案》（国能电力〔2012〕306号文）和《关于加强电力工程质量监督工作的通知》（国能安全〔2014〕206号文），对于电力工程质量监督机构明确了"总站-中心站-项目站"的三级管理体系，对于电力工程质量监督工作确定了"国家能源局归口管理、派出机构属地监管、质监机构独立监督、电力企业积极支持"的工作机制。目前，在国家能源局的统一领导和大力支持下，电力工程质量监督各项规章制度正在逐步完善，各项工作正在逐渐步入正轨，为有效保证建设工程质量奠定了基础。

　　要做好电力工程质量监督工作，队伍建设和人才培养是关键。总站在认真总结多年来电力行业和全国其他行业工程质量监督专业人员管理经验的基础上，确定了电力工程质量监督专业人员实行"高级专家-质量监督师-质量监督员"三级管理的工作模式，其中：高级专家实行评聘制，由总站主导，以技术委员会平台进行动态管理；质量监督师、质量监督员实行统一认证考试制度。在专业人员的工作职责方面，要求各质监机构在进行现场检查时，检查组组长必须持有高级专家证，检查组中的专业负责人必须是质量监督师，一般检查人员必须持有质量监督员及以上资格证书。企业内部的质量管理体系中，将继续贯彻实施质量检查员持证上岗制度，允许质量检查员考取和持有质量监督师或质量监督员证书。为落实以上管理原则，进一步加强质量监督师、质量监督员的资格认证管理，总站于2014年3月印发了《电力工程质量监督人员资格认证和从业管理办法》，明确了资格认证实行向社会开放和教考分离的工作原则，同时详细划分了考试专业，确定了考试方式和考试科目。为理顺电力工程质量监督专业知识体系，构建针对性强、层次清晰、内容全面的认证考试平台，总站组织编制了本系列《电力工程质量监督专业资格考试教材》。

　　本系列教材共包括建筑、锅炉、汽轮机、电气、热工控制、金属与焊接、水处理与制氢、核能动力、水工结构、水力机电、金属结构、输电线路和工程管理共十三册。本系列教材以专业资格认证考试为立足点，重点强调了专业知识的系列性、完整性和实用性。各专业册在章节划分和内容设置上基本保持一致；在知识点设置上强调了工程质量行为监督、专业基础理论、标准体系、设备材料、施工技术、工程实体质量监督等要点；在知识内容和范围上重点从工程质量监督的角度出发，全面细致地讲解了工程勘察、设计、施工、验收、运行维护及管理等活动的技术要求和所遵守的技术依据和准则，同时还就各专业在工程质量控制方面存在的一些通病和重点质量问题进行了总结和分析；各专业知识点丰富，重点突出。本系列教材不仅可以作为专业资格认证培训用书，也可以作为大家日常工作中随时查阅专业知识的工具书。

　　本系列教材由电力工程质量监督总站主编，本书为《金属与焊接分册》，由辽宁省电力建设工程质量监督中心站组织编写。

　　在本系列教材的编写过程中得到了有关省（市、区）电力公司及施工、调试、监理、检测等单位的大力支持和帮助，在此表示衷心的感谢。

　　由于编者水平有限，教材中难免有疏漏和不当之处，恳请广大读者和专家批评指正。

电力工程质量监督总站

2014 年 8 月

目　录

概　述

　　焊接是一种将材料永久连接，并成为具有给定功能结构的制造技术。几乎所有的产品，从高端科技到工业技术、从电力工程大型钢结构件到不足 1g 微电子元件的生产中都不同程度地依赖焊接技术。焊接已经渗透到制造业的各个领域，且直接影响到产品的质量、可靠性和寿命以及生产的成本、效率。由此可见，焊接工程质量是工程质量的关键，要检验焊接质量直接或间接的需要金属无损检测、理化检验技术。

　　电力工业发展规划的原则是安全、经济、绿色、和谐，统筹未来十年和长远发展战略以及各种电源结构的经济性，提出了优先开发水电、优化发展煤电、大力发展核电、积极推进新能源发电、适度发展天然气集中发电、因地制宜发展分布式发电的方针。电力工程的大容量、高参数发电机组已成为我国发电的主力机组。监督检查焊接及检测工作的范围、任务、条件、技术都随着焊接质量、检测技术的更高要求不但发生了量的变化，有些已发生了质的变化，其主要特点：

　　（1）随着火电单机容量不断增大和参数的提高，焊接工作量和检测范围也不断增大。火力发电机组的单机容量由 20 世纪 50 年代的 25MW 机组增加到现代的 1000MW 机组，单台机组的焊接接头数量也由 50 年代的几千个焊接接头增加到数万个焊接接头，检测范围也扩大到附属系统、环保配套等系统。

　　（2）随着各类新型发电机组发展的需求，机组参数、容量的提高，焊接工程结构条件日趋复杂，需要的检测设备能力不断提高。火电机组的管道焊接最大厚度由 50 年代的 20mm 左右已变化为现在的 110mm，管径增加到 700～1000mm，锅炉受热面应用了螺旋水冷壁结构、管排密集、焊接位置多样复杂。这对于焊接工程结构工艺条件、焊接方法，需要的检测设备能力参数、方式、方法都提出了更高的要求。

　　（3）超超临界机组所用材质等级、合金成分含量不断提高，高合金新型钢种 T/P91、T/P92、Super304、HR3C、TP347H 的普遍应用，特别是新型细晶马氏体钢 T/P91 和 T/P92 的普遍应用，给焊接和检测技术带来了质的变化。随着火力发电机组容量的增大，超超临界火电厂用钢的品种不断增多，钢材的合金含量不断增大。这对于焊接工艺质量，热处理工艺质量，金属检验以及无损检测工艺质量都提出了更高的要求。

　　由此可见，随着火力发电机组参数、容量的提高，电力工程施工对金属材料的焊接可靠性及焊接检测技术提出了更高、更新的要求。电力工程质量监督检查人员不仅要适应不断提高的技术要求、质量验收准则的需要，同时更要掌握焊接工程和金属无损检测涉及的各监督检查阶段，在工程质量监督检查时的要点，为质量监督检查工作打下强有力的基础。只有这样才能保证焊接及金属检验质量监督的权威性，完成质量监督任务，达到质量监督的目的。

第一节 焊接专业简介

一、焊接基本知识

焊接是一种材料加工的工艺方法，它的本质是通过焊接使相互分离的金属工件达到原子或分子间结合，相互分离的金属工件形成永久性连接的整体。要达到原子或分子间的结合，需要外界施加能量，这是焊接需要通过加热或加压或两者并用来完成的原因。

（一）焊接方法分类

焊接方法种类繁多，按金属工件在焊接过程中所处的状态和工艺特点不同，可以把焊接分为熔焊、压焊和钎焊三大类。电力工程焊接的一般情况下采用熔焊原理的焊接方法。

1. 熔焊

熔焊是利用局部加热使连接处的金属熔化，再加入（或不加入）填充金属形成焊接接头而结合的方法。

熔焊焊接过程中，必须采取有效的隔离空气的保护措施，防止空气对焊接区域的侵害，影响焊接接头的焊接质量。基本保护形式有真空保护、气体保护和熔渣保护三种。

电力工程中常用的焊接方法有焊条电弧焊、钨极氩弧焊、埋弧焊、CO_2 气体保护焊等，焊条电弧焊和钨极氩弧焊的组合焊使用也很多。

2. 焊接方法的英文缩写

在质量管理、验收、检验试验过程中，焊接方法的名称书写比较繁琐。使用焊接方法的英文缩写，可以简化书写，简单明了。焊工资格证书中，焊接方法就是用英文缩写来表述的。常用的焊接方法英文缩写见表 1-1。

表 1-1　　　　　　　　　　　常用的焊接方法英文缩写

焊接方法	英文缩写	焊接方法	英文缩写
焊条电弧焊	SMAW	埋弧焊	SAW
气焊	OFW	电渣焊	ESW
钨极气体保护焊	GTAW	等离子弧焊	PAW
熔化极气体保护焊	GMAW	摩擦焊	FRW
药芯焊丝电弧焊	FCAW	螺柱电弧焊	SW

（二）焊接接头和焊缝

1. 焊接接头

（1）焊接接头和组成。用焊接方法连接的接头称为焊接接头，它主要起连接和传递力的作用，焊接接头由焊缝、熔合区和热影响区三部分组成如图 1-1 所示。它是焊接结构的薄弱环节。

图 1-1　焊接接头组成示意图

1—焊缝；2—熔合区；3—热影响区；4—母材

熔合区是焊缝与母材交接的过渡区，即熔合线处微观显示的母材半熔化区。这个区域很窄，晶粒粗大，是粗大的过热组织，塑性、韧性很差，化学成分不均匀，组织和性能都不均匀，是焊接接头中薄弱的地带。许多焊接结构破坏的事故，多是由于这个区域的某些缺陷引起的。

热影响区是焊接或切割过程中，材料因受热的影响（但未熔化）而发生金相组织和机械性能变化的区域。热影响区的宽度与焊接方法和焊接热输入量的大小有关。热影响区的组织和性能的变化与材料的化学成分、焊接热循环和材料制造过程中热处理状态等有关。热影响区有产生脆化、硬化和软化的倾向。

母材金属是指被焊金属材料的通称。焊件则是由焊接方法连接的组件。

（2）焊接接头的特点。

1）焊接接头的优点。

a. 承受载荷的多向性，能承受各个方向的工作载荷。

b. 结构的多样性，能适应不同形状、不同材料的结构要求，接头空间小，材料利用率高。

c. 连接的可靠性，提高焊接和检验技术水平能获得高质量、高可靠性的焊接接头。

d. 加工的经济性，施工难度较低，可实现自动化，维修简单，制造成本较低，可生产合格品。

2）焊接接头的缺点。

a. 几何不连续。焊接接头的几何形状和尺寸发生变化，是一个几何不连续体。在焊趾处会存在应力集中。在焊接过程中产生的错边、焊接缺陷、焊接变形，加剧应力集中，减少承载面积，形成断裂源。

b. 性能不均匀。焊缝金属和母材在化学成分上常存在不同，经过不同的焊接热循环和热应变循环，使焊接接头各区域的组织存在着明显的不同，焊接接头的力学性能、物理化学性能以及其他性能是不均匀的。

c. 存在残余应力和变形。焊接时，热源集中加热焊缝区域。焊接接头在不均匀的温度作用下，产生较高的焊接残余应力和变形。残余应力和变形使接头区域提前达到材料的屈服极限和强度极限，降低了结构的刚度、尺寸稳定性和结构的其他使用性能。

（3）焊接接头基本类型。焊接接头因接头结构形式不同，接头类型也不同。一般归纳为对接接头、T形接头、角接接头、搭接接头和端接接头五种基本类型。

1）对接接头。对接接头是两金属工件表面构成大于135°，小于或等于180°夹角的接头。对接接头从受力的情况看是比较理想的接头形式，受力状况好，应力集中程度较小。对接接头是焊接结构中使用最多的接头形式。一般对接接头如图1-2所示。

图1-2 对接接头

2）T形接头。T形接头是一个金属工件的端面与另一个金属工件表面构成直角或近似直角的接头。T形接头有各个方向的力和力矩。T形接头是箱形结构中常用的结构形式，T形接头如图1-3所示。

3）角接接头。角接接头是两金属工件表面构成大于30°，小于或等于135°夹角的接头。角接接头承载能力差。当承受力弯曲时，焊根处易出现应力集中，造成根部开裂。角接接头常用于不重要的焊接结构。角接接头如图1-4所示。

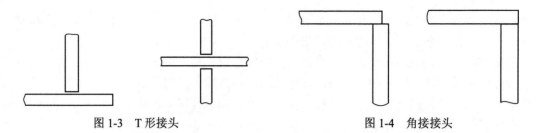

图 1-3　T 形接头　　　　　　　　　　　　　　　图 1-4　角接接头

4）搭接接头。搭接接头是两金属工件部分重叠构成的接头。搭接接头应力分布不均匀，疲劳强度低，不是理想的接头形式，搭接接头如图 1-5 所示。

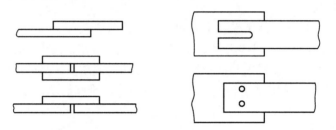

图 1-5　搭接接头

5）端接接头。端接接头是两金属工件重叠放置或两金属工件构成不大于 30°，在端部进行连接的接头。端接接头常用于密封，端接接头如图 1-6 所示。

图 1-6　端接接头

2. 焊接坡口

根据设计和工艺需要，在金属工件的待焊部位加工并装配成的一定几何形状的沟槽叫作坡口。开坡口的目的是为了保证电弧能深入接头根部，使根部焊透同时便于清渣，获得较好的成形，坡口还能起到调节焊缝金属中母材金属与填充金属比例的作用。

开坡口是指加工坡口的过程。加工方法有剪切、车削、刨削、磨削、火焰或等离子切割、碳弧气刨等。

（1）坡口类型。坡口根据形状不同可分为基本型、组合型和特殊型 3 类。

1）基本型坡口：形状简单，加工容易，应用较多，如图 1-7 所示。

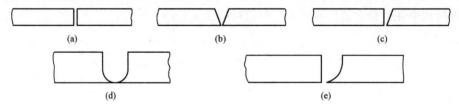

(a)　　　　　　　　　　(b)　　　　　　　　　　(c)

(d)　　　　　　　　　　(e)

图 1-7　基本型坡口

（a）I 形坡口；（b）V 形坡口；（c）单边 V 形坡口；（d）U 形坡口；（e）J 形坡口

2）组合型坡口：由两种或两种以上的基本型坡口组合形成，如图 1-8 所示。

3）特殊型坡口：不属于基本型又不同于组合型的特殊坡口，如图 1-9 所示。

电力焊接工程常用的双 V 形坡口与其他行业的双 V 形坡口不同，电力焊接工程常用的双 V 形坡口是由 V 形坡口和带钝边 V 形坡口组成的单面组合坡口，如图 1-10 所示，用 ⅋ 符号

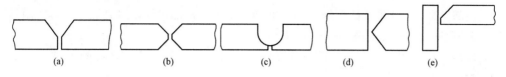

图 1-8　组合型坡口

（a）Y 形坡口；（b）双 Y 形坡口；（c）带钝边 U 形坡口；（d）双单边 V 形坡口；（e）带钝边单边 V 形坡口

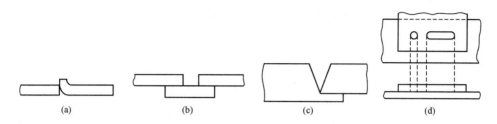

图 1-9　特殊型坡口

（a）卷边坡口；（b）带垫板坡口；（c）锁边坡口；（d）塞焊、槽焊坡口

表示；其他行业的双 V 形坡口是由 V 形坡口和带钝边 V 形坡口组成的双面组合坡口，见图 1-8 中的双 Y 形坡口，有用 X 符号表示，亦称 X 形坡口。电力焊接工程常用的 U 形坡口与其他行业的 U 形坡口也不同，电力焊接工程常用的 U 形坡口是由 V 形坡口和带钝边 U 形坡口组成的单面组合坡口，如图 1-10 所示。

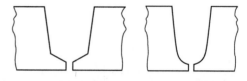

图 1-10　电力焊接工程常用的双 V 形坡口和 U 形坡口

（2）坡口尺寸及符号。

1）坡口面角度和坡口角度。坡口面指待焊件上的坡口表面。两坡口面之间的夹角叫坡口角度，用 α 表示；待加工坡口的端面与坡口面之间的夹角叫坡口面角度，用 β 表示，如图 1-11 所示。

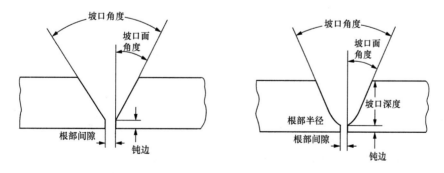

图 1-11　坡口尺寸

2）根部间隙。焊前在接头根部之间预留的空隙叫根部间隙，用 b 表示。作用是打底焊时保证根部焊透，根部间隙又叫装配间隙，如图 1-11 所示。

3）钝边。焊件开坡口时，沿焊件接头坡口根部端面的直边部分叫钝边，钝边的厚度叫钝边高度，用 p 表示。钝边的作用是防止根部烧穿，如图 1-11 所示。

4）根部半径。在 J 形、U 形坡口底部的圆角半径叫根部半径，用 R 表示，其作用是增大坡口根部的空间，以便焊透根部，如图 1-11 所示。

5）坡口深度。焊件上开坡口部分的高度叫坡口深度，用 H 表示，如图 1-11 所示。

3. 焊缝

焊件经焊接后所形成的结合部分叫作焊缝。

（1）焊缝形式。

1）按焊缝结合形式分类。按焊缝结合形式分类可分为对接焊缝、角焊缝、塞焊缝、槽焊缝和端接焊缝五种，如图 1-12 所示。

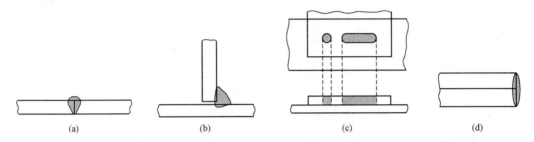

图 1-12　焊缝结合形式

（a）对接焊缝；（b）角焊缝；（c）塞焊缝、槽焊缝；（d）端接焊缝

2）按施焊时焊缝在空间所处位置分类。按施焊时焊缝在空间所处位置分类可分为平焊缝、立焊缝、斜焊缝、横焊缝及仰焊缝五种形式，如图 1-18 所示。

3）按焊缝断续情况分类。按焊缝断续情况分类可分为连续焊缝、断续焊缝和定位焊缝三种形式，如图 1-13 所示。

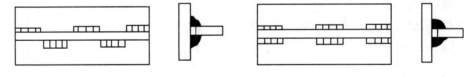

图 1-13　断续焊缝

（2）焊缝的形状尺寸。

1）焊缝宽度。焊缝表面与母材的交界处叫焊趾，焊缝表面两焊趾之间的距离叫作焊缝宽度，如图 1-14 所示。

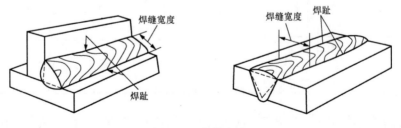

图 1-14　焊缝宽度

2）余高。超出母材表面连线上面的那部分焊缝金属的最大高度叫作余高，如图 1-15 所示。

3）熔深。在焊接接头横截面上，母材或前道焊缝熔化的深度叫作熔深，如图 1-16 所示。

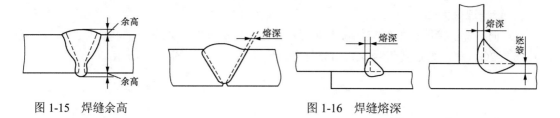

图 1-15　焊缝余高　　　　　　　　　　图 1-16　焊缝熔深

4）焊缝厚度。在焊缝横截面中，从焊缝正面到焊缝背面的距离，叫焊缝厚度，如图 1-17 所示。

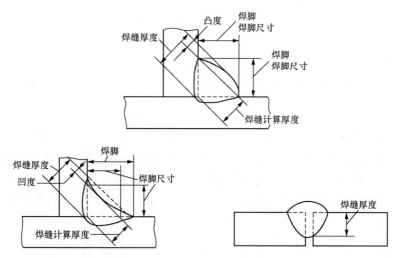

图 1-17　焊缝厚度和焊脚尺寸

5）焊脚尺寸。角焊缝的横截面中，从一个直角面上的焊趾到另一个直角面表面的最小距离，叫作焊脚尺寸，如图 1-17 所示。

（三）焊接位置

1. 板状焊接位置

熔焊时，焊件接缝所处的空间位置叫焊接位置，焊接位置有平焊、立焊、横焊和仰焊位置等，如图 1-18 所示。

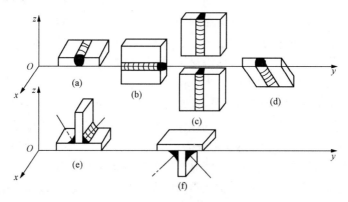

图 1-18　板状焊接位置

（a）平焊；（b）横焊；（c）立焊；（d）仰焊；（e）平角焊；（f）仰角焊

2. 管状焊接位置

熔焊时，管状接缝所处的空间位置叫焊接位置，焊接位置有水平转动其代号 1G、垂直固定其代号 2G、水平固定其代号 5G、45°固定其代号 6G 等，如图 1-18 所示。

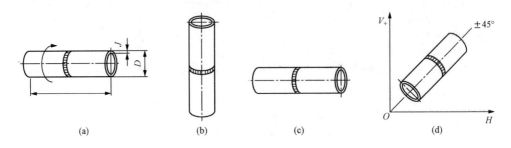

图 1-19　管状焊接位置

(a) 水平转动代号 1G；(b) 垂直固定代号 2G；(c) 水平固定代号 5G；(d) 45°固定代号 6G

（四）焊接材料

焊接时所消耗的材料叫焊接材料，它包括焊条、焊丝、焊剂和气体等。焊接方法因原理不同，使用的焊接材料也不同。焊条电弧焊的焊接材料是焊条；埋弧焊的焊接材料是焊剂、焊丝或焊带，如果有清根要求还需要使用碳棒；钨极氩弧焊的焊接材料是焊丝、氩气、钨极等；CO_2 气体保护焊的焊接材料是焊丝、CO_2 气体；气焊的焊接材料则是焊丝、氧气、乙炔气或液化气。

1. 焊条电弧焊的焊接材料

焊条电弧焊是目前电力工程焊接使用最广泛的焊接方法。焊条电弧焊使用的焊接材料——焊条，是目前消耗最多的焊接材料。

焊条是涂有药皮的供手弧焊使用的熔化电极，它由药皮和焊芯两部分组成。焊接时，焊条是电极，起传导电流、引燃电弧和维持电弧燃烧的作用；又作填充金属，熔化后和母材熔合形成焊缝。

焊条前端的金属端面没有被药皮覆盖，可用于引弧。焊条尾部有段裸露的焊芯，焊接时可用焊钳挟持此处，传导电流。焊条的直径是用焊芯的直径来表示的，是焊条的规格。焊条常用的规格有 $\phi 2mm$、$\phi 2.5mm$、$\phi 3.2mm$、$\phi 4mm$、$\phi 5mm$、$\phi 6mm$ 等。

（1）焊芯。焊芯是焊条中被药皮覆盖的钢芯。

1）焊芯的作用。焊芯有两个作用：一是传导焊接电流，产生电弧把电能转换成热能；二是焊芯本身熔化作为填充金属和液体母材金属熔合形成焊缝。

焊芯是有一定长度和直径的钢丝。为了保证焊缝的质量，焊芯用钢丝的杂质和有害物元素的含量是有严格限制的，所以焊芯用钢丝是经过特殊冶炼的。这种专门用于焊接的钢丝，制造焊条时是焊芯，在埋弧焊、气焊、气体保护焊中，作填充金属时就是焊丝。

2）焊芯的牌号。焊芯的专用钢丝可分为：碳素结构钢、合金结构钢、不锈钢三大类。

焊芯的牌号就是焊芯的专用钢丝的牌号。牌号的编制方法：字母"H"表示焊丝；"H"后的一位或两位数字表示含碳量；化学元素符号及其后的数字表示该元素近似含量，某合金元素含量<1%时，只标记元素符号，忽略数字；尾部标有"A"、"E"，表示为"优质品"、"高级优质品"，S、P 含量更低。

例：焊芯的牌号

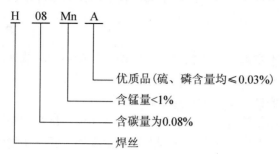

               H   08   Mn A

                          优质品（硫、磷含量均≤0.03%）

                          含锰量<1%

                          含碳量为0.08%

                          焊丝

（2）药皮。压涂在焊芯表面上的涂料层称为药皮。焊条药皮在焊接时起着重要的作用，是影响焊缝金属性能的主要因素之一。

1）焊条药皮的作用。

（a）机械保护作用。焊条药皮熔化后产生的大量气体和形成的熔渣，起隔离空气的作用，防止空气中的有害气体侵入，保护熔滴和熔池金属。

（b）冶金处理渗合金作用。熔渣和熔化金属冶金反应，除去有害物质、添加有益元素，使焊缝金属符合要求的力学性能。

（c）改善焊接工艺性能。电弧稳定燃烧、飞溅小、焊缝成形好、易脱渣，熔敷率高，适合全位置焊接。

2）焊条药皮的组成。焊条药皮是由各种矿物质、铁合金和金属、有机物及化工产品等原料制成。焊条药皮的组成按它们在焊接过程中的作用可分为稳弧剂、造渣剂、造气剂、脱氧剂、合金剂、稀释剂、黏结剂和增塑、增弹、增滑剂八大类。

2. 焊条的工艺性能

焊条的工艺性能是焊条操作时的性能，主要包括电弧稳定性，焊缝成形情况，各种焊接位置的适应性、脱渣性和飞溅大小等。焊条的工艺性能是评定焊条质量的重要指标之一。

（1）焊接电弧的稳定性。焊接电弧的稳定性是指保持电弧持续燃烧的能力。电弧稳定性与很多因素有关，焊条药皮的组成是主要因素。焊条药皮中加入低电离电位物质，可提高电弧稳定性。酸性药皮含有钾、钠等低电离电位物质，用交直流电源焊接都能稳定燃烧；低氢钠型焊条药皮中含有较多的氟石，电弧稳定性降低，只能用直流电源，另加入碳酸钾、钾水玻璃等稳弧剂，可用交直流电源。

（2）焊缝成形性。好的焊缝成形应是表面波纹细致，波形美观，几何形状正确，焊缝余高适中，焊缝与母材之间过渡圆滑，无咬边、焊瘤等缺陷。焊缝成形与熔渣的性能有关，熔渣黏度和熔点过高、过低，都会造成焊缝成形变坏。

（3）全位置焊接性。全位置焊接性是指对平焊、横焊、立焊、仰焊等位置的适应性。因为重力的作用，熔池金属和熔渣会下淌，还会影响熔滴的过渡，横焊、立焊、仰焊等位置焊接时不容易形成正常的焊缝。钛钙型、低氢型药皮焊条全位置焊接性好。

（4）脱渣性。脱渣性是指渣壳从焊缝表面脱离的难易程度。脱渣性差会降低生产效率，还会产生夹渣缺陷。影响脱渣性的主要原因是熔渣的膨胀系数。焊缝金属和熔渣的膨胀系数差值大，脱渣容易。

（5）飞溅。飞溅是指熔焊过程中向周围飞散的金属颗粒。飞溅多会降低电弧的稳定性，增加金属的损失，降低熔敷率。钛钙型焊条飞溅较小，低氢型焊条正接时飞溅较大。

3. 焊条的分类

（1）焊条的分类。

按药皮成分分类：不定型、氧化钛型、氧化铁型、钛钙型、钛铁矿型、纤维素型、低氢钠型、低氢钾型、石墨型、盐基型。

按熔渣特性分类：酸性焊条和碱性焊条。

按焊条用途分类：结构钢焊条、钼和铬钼耐热钢焊条、堆焊焊条、低温钢焊条、铸铁焊条、铜及铜合金焊条、铝及铝合金焊条、镍及镍合金焊条、特殊用途焊条。

按焊条性能分类：超低氢焊条，低尘、低毒焊条，立向下焊条，底层焊条，铁粉高效焊条，抗潮焊条，水下焊条，重力焊条，躺焊焊条。

（2）酸性焊条和碱性焊条。

酸性焊条是指焊条药皮熔化后的熔渣主要是酸性氧化物组成的焊条。氧化钛型、氧化铁型、钛钙型、钛铁矿型和纤维素型焊条是酸性焊条。

碱性焊条是指焊条药皮熔化后的熔渣主要是碱性氧化物组成的焊条。低氢钠型、低氢钾型焊条是碱性焊条。

酸性焊条的工艺性能比碱性焊条好，碱性焊条的力学性能、抗裂性比酸性焊条好，具体性能比较见表1-2。

表 1-2 　　　　　　　　　　　　酸性焊条和碱性焊条的性能对比

序号	酸 性 焊 条	碱 性 焊 条
1	对水、铁锈的敏感性不大，使用前须经 75～150℃ 烘干，保温 1～2h	对水、铁锈的敏感性较大，使用前须经 350～400℃ 烘干。保温 1～2h
2	药皮组成成分氧化性强，塑性、韧性低	药皮组成成分还原性强，塑性、韧性高
3	电弧稳定，飞溅小，可用交流或直流施焊	必须用直流反接施焊，当药皮中加稳弧剂后，可交、直流两用
4	焊接电流较大	焊接电流比同规格的酸性焊条小 10%～15%
5	可长弧操作	必须短弧操作，否则易引起气孔
6	合金元素过渡效果差	合金元素过渡效果好
7	熔深较浅，焊缝成形较好	熔深较深，焊缝成形一般
8	熔渣呈玻璃状，脱渣较方便	熔渣呈结晶状，脱渣不及酸性焊条方便
9	焊缝的常、低温冲击韧度一般	焊缝的常、低温冲击韧度高
10	焊缝的抗裂性较差	熔渣脱硫能力强，焊缝的抗裂性好
11	焊缝的含氢量较高，影响塑性	焊缝的含氢量低
12	焊接时烟尘较少	焊接时烟尘稍多

4. 焊条的型号和牌号

焊条的型号是国家标准规定的各类焊条的代号。焊条的牌号是制造厂对作为产品出厂的焊条规定的代号。焊条牌号与国家标准的焊条型号不是一一对应的。

（1）焊条的型号。

碳钢焊条和低合金钢焊条型号。《碳钢焊条》GB/T 5117 是根据熔敷金属的力学性能、药皮类型、焊接位置和电流种类来划分的。《低合金钢焊条》GB/T 5118 是根据熔敷金属的力学性能、化学成分、药皮类型、焊接位置和电流种类来划分的。

a. 字母"E"表示焊条；前两位数字表示熔敷金属抗拉强度的最小值，单位为×10MPa；第三位数字表示焊条的焊接位置，"0"及"1"表示焊条适用于全位置的焊接，"2"表示焊条适用于平及平角焊位置的焊接，"4"表示焊条适用于立向下焊；第三和第四位数字组合时，表示焊接电流种类及药皮类型，详见表1-3。

表 1-3　　　　　　　碳钢焊条和低合金钢焊条型号第三和第四位数字组合的含义

焊条型号	药皮类型	焊接位置	电流种类
E××00 E××01 E××03	特殊型 钛铁矿型 钛钙型	平、立、横、仰	交流或直流正、反接
E××10	高纤维素钠型		直流反接
E××11	高纤维素钾型		交流或直流反接
E××12	高钛钠型		交流或直流正接
E××13	高钛钾型		交流或直流正、反接
E××14	铁粉钛型		
E××15	低氢钠型		直流反接
E××16	低氢钾型		交流或直流反接
E××18	铁粉低氢型		
E××20	氧化铁型	平焊、平角焊	交流或直流正接
E××22			交流或直流正、反接
E××23	铁粉钛钙型		
E××24	铁粉钛型		
E××27	铁粉氧化铁型		交流或直流正接
E××28	铁粉低氢型		交流或直流反接
E××48		平、横、仰、立向下	

b. 低合金钢焊条还附有后缀字母为熔敷金属的化学成分分类代号，见表1-4。

表 1-4　　　　　　　　　　低合金钢焊条熔敷金属的化学成分分类

化学成分分类	代号	化学成分分类	代号
碳钼钢焊条	E××××—A1	镍钼钢焊条	E××××—NM
铬钼钢焊条	E××××—B1～B5	锰钼钢焊条	E××××—D1～D3
镍钢焊条	E××××—C1～C3	其他低合金钢焊条	E××××—G、M、M1、W

例1：碳钢焊条型号

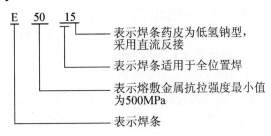

例2：低合金钢焊条型号

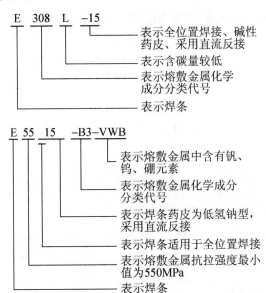

c. 不锈钢焊条型号。

《不锈钢焊条》GB/T 983 是根据熔敷金属的化学成分、药皮类型、焊接位置和电流种类来划分的。

字母"E"表示焊条；"E"后数字表示熔敷金属的化学成分分类代号，特殊要求的化学成分用元素符号，放数字后面；数字后面的数字"L"表示碳含量较低，"R"表示硫、磷含量较低；"—"后的数字表示药皮类型、焊接位置和电流种类，见表1-5。

表1-5　　　　　　　　　　　　　药皮类型、焊接位置和电流种类

焊条型号	焊接电流	焊接位置	药皮类型
E×××（×）—15	直流反接	全位置	碱性药皮
E×××（×）—25		平焊、横焊	
E×××（×）—16	交流或直流反接	全位置	碱性药皮或钛型、钛钙型
E×××（×）—17			
E×××（×）—26		平焊、横焊	

（2）焊条牌号。焊条牌号用汉字（或拼音字母）和三位数字组成。汉字（或拼音字母）

表示按用途分的焊条各大类，前两位数字表示各大类中的若干小类，第三位数字表示药皮类型和电流种类见表 1-6～表 1-8。

表 1-6   焊条牌号中各大类汉字（或拼音字母）

焊条类别		大类的汉字（或汉语拼音字母）	焊条类别	大类的汉字（或汉语拼音字母）
结构钢焊条	碳钢焊条	结（J）	低温钢焊条	温（W）
	低合金钢焊条		铸铁焊条	铸（Z）
钼和铬钼耐热钢焊条		热（R）	铜及铜合金焊条	铜（T）
不锈钢焊条	铬不锈钢焊条	铬（G）	铝及铝合金焊条	铝（L）
	铬镍不锈钢焊条	奥（A）	镍及镍合金焊条	镍（Ni）
堆焊焊条		堆（D）	特殊用途焊条	特殊（TS）

表 1-7   焊条牌号中前两位数字含义

焊条种类	第一位数字含义	第二位数字含义
结构钢焊条	表示熔敷金属抗拉强度的最小值，单位为×10MPa	
钼和铬钼耐热钢焊条	表示熔敷金属的主要化学成分等级	同一等级的不同编号
不锈钢焊条	表示熔敷金属的主要化学成分等级	同一等级的不同编号
低温钢焊条	表示工作温度等级	

表 1-8   焊条牌号中第三位数字含义

焊条牌号	药皮类型	电流种类	焊条牌号	药皮类型	电流种类
××0	不定型	不规定	××5	纤维素型	交直流
××1	氧化钛型	交直流	××6	低氢钾型	交直流
××2	钛钙型	交直流	××7	低氢钠型	直流
××3	钛铁矿型	交直流	××8	石墨型	交直流
××4	氧化铁型	交直流	××9	盐基型	直流

5. 焊条的选用及管理

（1）焊条的选用原则。

1）低碳钢、中碳钢及低合金钢按焊件的抗拉强度来选用相应强度的焊条，使熔敷金属的抗拉强度与焊件的抗拉强度相等或相近，该原则称为"等强原则"。

2）对于不锈钢、耐热钢、堆焊等焊件选用焊条时，应从保证焊接接头的特殊性能出发，要求焊缝金属化学成分与母材相同或相近。

3）对于强度不同的低碳钢之间、低合金钢高强钢之间及它们之间的异种钢焊接，要求焊缝或接头的强度、塑性和韧性都不能低于母材中的最低值，故一般根据强度等级较低的钢材来选用相应的焊条。

4）重要焊缝选用碱性焊条。

5）在满足性能的前提下尽量选用酸性焊条。

（2）焊条的管理。

1）焊条验收。对于制造锅炉、压力容器等重要焊件的焊条，焊前必须进行验收，也称复验。

2）焊条保管、领用、发放。焊条实行三级管理：一级库管理、二级库管理、焊工焊接时管理。一级、二级库内的焊条要按其型号、牌号、规格分门别类堆放。放在离地面、离墙面 300mm 以上的木架上。可参考《焊接材料质量管理规程》JB/T 3223。

3）焊条烘干。一般酸性焊条烘干温度为 75～150℃，保温时间 1～2h；碱性焊条在空气中极易吸潮，烘干温度比酸性焊条高，一般为 350～400℃，保温时间 1～2h。焊条累计烘干次数一般不宜超过三次。

（五）钨极氩弧焊的焊接材料

1. 钨极

钨极氩弧焊要求钨极具有电流容量大、损耗小、引弧和稳弧性能好等特性。主要有纯钨极、钍钨极和铈钨极几种，W1、W2、WTh7、WTh10、WTh15、WTh30、WCe20。

2. 氩气

焊接用的氩气一般是将其压缩成液体储存于钢瓶内。液态氩气在常温下汽化，供焊接使用。氩气是单原子气体，无色、无味的惰性气体，不与金属起化学反应，也不溶解于金属。在惰性气体中，氩气在空气中的比例是最多的，按体积约占空气的 0.93%，氩气比氮气重 10 倍，比空气重 1/4。氩气比其他气体的比热容小、热导率低，在氩气中燃烧的电弧热量损失小，电弧热量集中，弧柱温度高，稳弧性最好。作保护气体，氩气要达到 99.99% 纯度，才能很好地满足各种金属材料的焊接要求。

3. 焊丝

焊丝熔化和熔化的母材金属形成焊缝，焊丝的质量在很大程度上影响焊缝的质量。为保证焊接接头的性能和焊接工艺性，要选择适当的焊丝。

氩弧焊用钢焊丝有实芯焊丝与药芯焊丝 2 大类。

（1）实芯焊丝。

1）实芯焊丝的型号。《气体保护电弧焊用碳钢、低合金钢焊丝》GB/T 8110 规定的型号是根据化学成分和采用熔化极气体保护电弧焊时熔敷金属的力学性能来划分的。

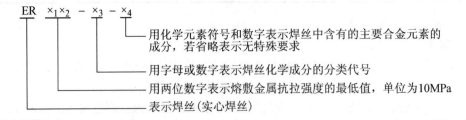

2）实芯焊丝的牌号。与焊条焊芯的牌号相同。

（2）药芯焊丝。药芯焊丝的型号：

1）碳钢药芯焊丝型号是根据熔敷金属力学性能、焊接位置及焊丝类别特点进行划分的。

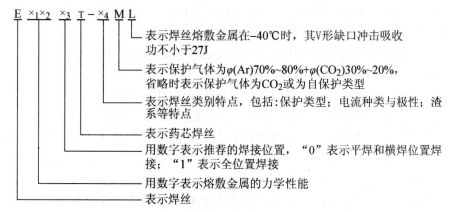

2）低合金钢药芯焊丝型号是根据熔敷金属力学性质、焊接位置、焊丝类别特点及熔敷金属化学成分划分的。

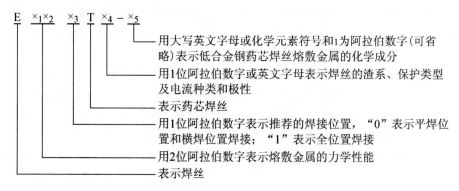

3）药芯焊丝的牌号一般是生产厂家根据产品自行编制的。我国统一规定药芯焊丝的牌号。

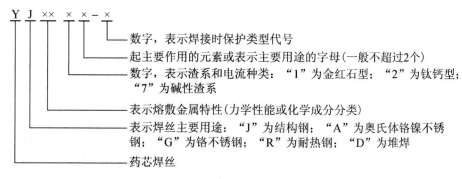

二、耐热钢焊接工艺的简介

发展超超临界机组将是我国火力发电提高效率、节约能源、改善环境、降低发电成本的必然趋势。而发展的关键技术是锅炉蒸汽压力及温度参数提高后，所需采用的新型耐热钢的选择、制造和安装过程中的焊接及热处理工艺应用、安装过程中焊接质量控制和金属部件的金属检测技术应用。这些钢种的焊接工艺技术、质量控制条件将是质量监督人员应该掌握的必备知识。

（一）耐热钢的简介

锅炉和管道用钢的发展可以分为两个方向：铁素体耐热钢（Cr＜15%）的发展和奥氏体

耐热钢（Cr＞15%）的发展。国际上，把珠光体、贝氏体、马氏体耐热钢统称为铁素体钢。

1. **铁素体耐热钢（Cr＜15%）**

（1）低合金耐热钢主要包括 15Mo、12Cr1MoV、T22、T23、T24 等。

（2）新型铁素体耐热钢主要包括 T91/P91、T92/P92、T122/P122。

1）在大量推广 T91/P91 的基础上，发现当使用温度超过 600℃时，T91/P91 已不能满足长期安全运行的要求。在调峰任务重的机组，管材的疲劳失效也是个大问题。

T92/P92（NF616）钢是在 T91/P91 钢的基础上再加 1.5～2.0%的 W，降低了 Mo 含量，增强了固溶强化效果。在 600℃的许用应力比 T91 高 34%，达到 TP347 的水平，是可以替代奥氏体钢的候选材料之一。

2）T92/P92 钢的抗腐蚀性和抗氧化性与 T91/P91 钢相同，但是具有更高的高温强度和蠕变性能。与 TP347H 相比，价格低廉，而且热膨胀系数小、导热率高和抗疲劳性能强，焊接性和可加工性好。T92 钢适用于制作蒸汽温度在 580～600℃之间、金属最高温度在 600～620℃的锅炉本体过热器、再热器。P92 材料则适用于锅炉外部的零部件，如管道和集箱，蒸汽温度可高达 625℃。使用这种钢材，可以明显减轻锅炉和管道部件的重量。

3）T/P122（HCM12A）是在德国钢号 X20CrMoV121 的基础上改进的 12%Cr 钢，添加 2%W、0.07%Nb 和 1%Cu，固溶强化和析出强化的效果都有很大增加，具有更高的热强性和耐蚀性，尤其是由于含 C 量的减少，使焊接冷裂敏感性有了改善。作为高铬马氏体钢，其热传导性比奥氏体钢好，热膨胀系数小，氧化垢不易剥离，适用于具有严重高温腐蚀工况下的锅炉，可替代奥氏体管材用于超临界、超超临界锅炉的过热器、再热器和主蒸汽管。

2. **奥氏体耐热钢（Cr＞15%）**

奥氏体耐热钢主要包括 Super304H、TP347HFG、HR3C（TP310NbN）。

Super304H 是 TP304H 的改进型，添加了 3%Cu 和 0.4%Nb，细晶粒，极高的蠕变断裂强度，在 600～650℃下的许用应力比 TP304H 高 30%，高强度是奥氏体基体中同时产生 NbCrN、Nb（N、C）、M23C6 和细的富铜相沉淀强化的结果。运行多年后的性能试验表明，该钢的组织和力学性能稳定，价格便宜，是超超临界锅炉过热器、再热器的首选材料。

TP347HFG 钢是通过特定的热加工和热处理工艺得到的细晶奥氏体耐热钢。TP347HFG 钢具有较细的晶粒，又具有较高蠕变强度。采用较低的固溶处理温度，TP347HFG 有极好的抗蒸汽氧化性能，比 TP347H 粗晶钢的许用应力高 20%以上。TP347HFG 钢可降低蒸汽侧氧化，已被广泛应用于超超临界机组锅炉过热器、再热器管。

HR3C 是日本住友金属命名的钢牌号，日本 JIS 标准中的材料牌号为 SUS310JITB，在 ASME 标准中的材料牌号为 TP310NbN。HR3C 钢是 TP310 耐热钢的改良钢种，通过添加元素铌（Nb）和氮（N），使得它的蠕变断裂强度提高到了 181MPa。HR3C 钢是粗晶钢，在向火侧抗烟气腐蚀和内壁抗蒸汽氧化的工况下，应选用 HR3C 耐热钢。该钢种的综合性能较 TP3XX 系列奥氏体钢中的 TP304H、TP321H、TP347H 和 TP316H 都更为优良。TP347H 耐热钢、新型奥氏体耐热钢 Super304H 和 TP347HFG 钢不能满足向火侧抗烟气腐蚀和内壁抗蒸汽氧化的工况。

（二）耐热钢焊接工艺简介

传统的碳钢、低合金耐热钢焊接时，为防止产生裂纹和焊接缺陷，采用了较高的预热温度和层间温度、焊接电流和电弧电压较大、焊接速度较慢的焊接工艺。这种工艺施焊后焊接接头，焊缝晶粒粗大，热影响区较宽，接头性能较差。焊缝的贯穿性缺陷，导致焊接接头无法承受工作载荷。针对这种情况，制定了"不允许焊接单道焊缝"的条例，多层多道焊操作技术得到了推广使用。

超临界、超超临界火力发电机组采用的新型耐热钢和传统的低合金耐热钢有着本质的区别。采用传统的焊接工艺施焊新型耐热钢，出现了严重的问题，焊接接头无法满足设计和使用要求。出现问题，就要寻求解决问题的办法。经过大量的研究、试验，人们改变了思路、改变了方法、改变了习惯，制定出满足使用、设计要求焊接接头的焊接工艺。

1. T91/P91 钢、T92/P92 钢的焊接工艺要点

小径薄壁钢管推荐采用全氩弧焊方法，大径厚壁管采用氩弧焊打底、焊条电弧焊填充及盖面的组合焊接方法；氩弧焊打底及焊条填充第一层焊道时在管子内壁充氩气保护；控制预热、道间温度；在保证焊接操作顺利进行的前提下，适当降低焊接电流；短弧操作；在焊点不脱节的情况下，快速焊；控制打底层厚度，在 2.8～3.2mm 范围内，薄层焊；窄摆甚至不摆动焊，焊条摆动的幅度最宽不得超过焊条直径的 4 倍；控制焊接热输入；多层多道焊；不允许在焊件表面引弧；停弧、收弧填满弧坑；焊后缓冷到马氏体转变温度恒温；控制热处理升温、降温速度；提高、控制焊后热处理温度；延长、保证焊后热处理恒温时间。以上是T91/P91、T92/P92 钢的焊接工艺要点。

2. 新型奥氏体耐热钢的焊接工艺要点

新型奥氏体耐热钢推荐采用全氩弧焊方法；严格控制焊接材料中的 C、S、P 含量；管子内壁充氩气保护；控制道间温度；在保证焊接操作顺利进行的前提下，适当降低焊接电流；短弧操作；在焊点不脱节的情况下，快速焊；控制打底层厚度，在 2.8～3.2mm 范围内，薄层焊；窄摆甚至不摆动焊；严格控制焊接热输入；多层多道焊；停弧、收弧填满弧坑。

通过以上的措施，还有选择合适的焊接材料，严格清理焊件、焊丝的污物，正确烘干焊条，保障新型耐热钢焊接接头的焊接质量。

三、焊接工程类别的划分

电力工程根据焊接工程承受压力、温度、流通的介质、管道焊接接头的公称直径、结构的承重条件将焊接工程类别划分为 A、B、C、D、E、F 6 类。每类中又分为不同范围。焊接工程分类见表 1-9。

表 1-9 焊接工程分类

工程类别		范　　围
A	1	工作压力大于或等于 9.81MPa 的锅炉的受热面管子
	2	外径大于 159mm 或壁厚大于 20mm、工作压力大于 9.81MPa 的锅炉本体范围内的管子及管道
	3	外径大于 159mm、工作温度高于 450℃的蒸汽管道
	4	工作压力大于 8MPa 的汽、水、油、气管道
	5	工作温度大于 300℃且不大于 450℃的汽水管道及管件

工程类别		范　　围
B	1	工作压力小于 9.81MPa 的锅炉的受热面管子
	2	工作温度大于 150℃，且不大于 300℃的蒸汽管道及管件
	3	工作压力为 4～8MPa 的汽、水、油、气管道
	4	工作压力大于 1.6MPa，且小于 4MPa 的汽、水、油、气管道
C	1	工作压力为 0.1～1.6MPa 的汽、水、油、气管道
	2	外径小于 76mm 的锅炉水压范围内的疏水、放水、排污、取样管子
D	1	工作压力为 0.1～1.6MPa 的压力容器
	2	工作压力小于 0.1MPa 的容器
E	1	承重钢结构（锅炉钢架、起重设备结构、主厂房屋架、支吊架等）
	2	烟、风、煤、粉、灰等管道及附件
	3	一般支撑钢结构（设备支撑、梯子、平台、步道、拉杆、非主要承重钢结构等）
	4	密封结构
F	1	铝母线
	2	凝汽器管板

四、焊接接头类别的划分

根据焊接接头的承受压力、温度、流通的介质、管道焊接接头的公称直径、结构的承重条件，《火力发电厂焊接技术规程》DL/T 869 将焊接接头划分为Ⅰ、Ⅱ、Ⅲ三个类别，其范围见表 1-10。

表 1-10　　　　　　　　　　　　　　**焊接接头类别范围**

接头类别	范　　围
Ⅰ	工作压力 $p \geqslant 22.13$MPa 的锅炉的受热面管子
	工作压力 9.81MPa$\leqslant p < 22.13$MPa 的锅炉的受热面管子
	外径 $D > 159$mm 或壁厚 $\delta > 20$mm，工作压力 $p > 9.81$MPa 的锅炉本体范围内的管子及管道
	外径 $D > 159$mm，工作温度 $T > 450$℃的蒸汽管道
	工作压力 $p > 8$MPa 的汽、水、油、气管道
	工作温度 $300℃ < T \leqslant 450℃$的汽水管道及管件
	工作压力 0.1MPa$\leqslant p < 1.6$MPa 的压力容器
Ⅱ	工作压力 $p < 9.81$MPa 的锅炉的受热面管子
	工作温度 $150℃ < T \leqslant 300℃$的蒸气管道及管件
	工作压力 4MPa$\leqslant p \leqslant 8$MPa 的汽、水、油、气管道
	工作压力 1.6MPa$< p < 4$MPa 的汽、水、油、气管道
	承受静载荷的钢结构

接头类别	范 围
Ⅲ	工作压力 $p<0.1$MPa 的容器
	工作压力 0.1MPa$\leqslant p\leqslant$1.6MPa 的汽、水、油、气管道
	烟、风、煤、粉、灰等管道及附件
	非承压结构及密封结构
	一般支撑结构（设备支撑、梯子、平台、拉杆等）
	外径 $D<76$mm 的锅炉水压范围外的疏水、放水、排污、取样管子

五、焊工资格的类别及允许担任的工作范围

（一）焊工资格的类别

（1）通过板状试件考核的焊工可为Ⅲ类焊工资格。

（2）通过小径管无障碍、侧障碍［如图 1-20（a）所示］对接试件相应位置试件考核，插接试件考核的焊工为Ⅱ类焊工资格。

（3）通过小径管十字障碍，如图 1-20（b）所示，壁厚≥16mm～40mm 管对接试件，管板骑座熔透试件考核的焊工为Ⅰ类焊工资格。

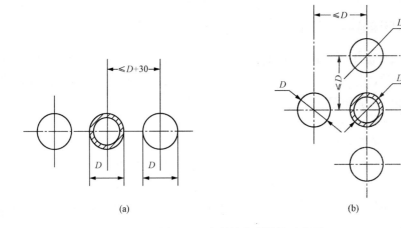

图 1-20　小径管障碍焊接示意图

（a）侧障碍；（b）十字障碍

（二）各类焊工允许担任的工作范围

1. Ⅰ类焊工工作范围

（1）工作压力 $p\geqslant9.81$MPa 的锅炉受热面管子。

（2）外径 $D>159$mm 或壁厚 $\delta>20$mm，工作压力 $p>9.81$MPa 的锅炉本体范围内的管子及管道。

（3）外径 $D>159$mm，且工作温度 $T>450$℃ 的蒸汽管道。

（4）工作压力 $p>8$MPa 的汽、水、油、气管道。

（5）工作温度 300℃$<T\leqslant$450℃ 的汽水管道及管件。

（6）工作压力为 0.1MPa$\leqslant T\leqslant$1.6MPa 的压力容器。

2. Ⅱ类焊工工作范围

（1）工作压力 $p<9.81MPa$ 的锅炉受热面管子。

（2）工作温度 150℃$<T\leqslant$300℃ 的蒸汽管道及管件。

（3）工作压力 0.1MPa$<p\leqslant$8MPa 的汽、水、油、气管道。

（4）疏水、放空、排污、取样管。

3. Ⅲ类焊工工作范围

（1）承重钢结构和输变电钢结构。

（2）外径 $p>600mm$ 的 0.1MPa$\leqslant T\leqslant$1.6MPa 的低压管道。

（3）烟、风、煤、粉、灰等管道及附件。

（4）普通钢结构（锅炉密封、设备支撑、梯子、平台、拉杆等）。

第二节　金属检测简介

电力工程金属检测在大型机组高参数、大容量条件下，所采用的新型耐热钢材料给金属检测技术带来了变革，特别是超超临界细晶马氏体耐热钢的应用对金属检测的无损检测和理化检验提出了新的技术要求，专业质量监督人员对于金属检测的重要检测方法和关键检测试验结果需要有所掌握和了解，熟悉质量监督检查要点的管理和控制。

一、金属检测方法分类及简介

电力工程的金属检测主要包括无损检测和理化检验，无损检测又分为射线检测、超声检测、磁粉检测、渗透检测、涡流检测等，理化检验又分为力学性能试验（硬度检验）、钢材化学分析（含光谱分析）、金相检验等。

（一）无损检测

1. 电力工程无损检测主要方法

超声检测（ultrasonic testing，UT）和射线检测（radiographic testing，RT）主要用于检测被检物的内部缺陷；磁粉检测（magneticparticle testing，MT）和涡流检测（eddycurrent testing，ET）用于检测被检物的表面和近表面缺陷；渗透检测（liquidpenetrant testing，PT）仅用于检测被检物表面开口缺陷。

每种无损检测方法，均有其优点和局限性，方法对缺陷的检出率不会是 100%，检测结果也不会完全相同。实践中，必须针对性地选择最合适的检测方法、检测参数和检测工艺。

2. 无损检测的应用范围和应用特点

（1）检测范围。

1）材料、铸锻件和焊接接头中缺陷的检查。无损检测用得最多的是检查材料、铸锻件和焊接接头中的缺陷及其质量评定。

对制造机器设备所需的原材料钢材、钢管、钢棒、钢丝等以及对制造机器过程中的铸锻件和焊接接头进行缺陷检测，其主要目的是评定原材料、铸锻件和焊接接头的质量情况。

因此，利用无损检测的结果进行原材料、铸锻件和焊接接头的评定，就是质量评定。此时，所评定的判废标准就是质量的控制界限。产品质量的安全和经济性的标准一旦规定，就必须遵守和严格控制。

无损检测技术，是以检查出的缺陷情况为依据来预测缺陷的发展，所以要求尽量准确地检测出缺陷的种类、形状、大小、位置和方向，以便进行寿命评定。目前，对在使用条件下发生缺陷进行寿命评定，已采用断裂力学的方法。

2）材料和零部件的计量检测。材料和零部件的计量检测主要属于无损测量的内容。在进行到货检验时，通过定量的测定材料和零部件的变形量或设计量来确定能不能满足使用。例如，用超声波测厚仪来测定容器壁厚的设计量值。

3）材质的无损检测。无损检测可以用来验证材料品种是否正确，是否按规定进行热处理，例如，可采用电磁感应法来进行材质混料的分选和部分材料热处理状态的判别。结构件是否牢固，一方面决定于所使用材料的等级，另一方面决定材料是否符合设计规定的成分或按规定进行的各种热处理。这是保证结构物牢固的先决条件。

4）表面处理层的厚度测定。对要求耐磨或耐腐蚀的零件进行表面处理，其硬化层的深度或镀层厚度是有一定尺寸要求的，可采用无损检测来确定各种表面层的深度和厚度。例如，用电磁感应检测法可以测定渗碳淬火层的深度和镀层的厚度。

（2）应用特点。

1）无损检测要与破坏性检测相配合。无损检测的最大特点是在不损伤材料、工件和机器结构物的前提下来进行检测的。但是无损检测不能代替破坏性检测。也就是说，对一个工件、材料、机器设备的评价，必须把无损检测的结果与破坏性检测的结果互相对比和配合，才能作出准确评定。

2）正确选用实施无损检测的时间。在进行无损检测时，必须根据无损检测的目的，正确选用无损检测实施的时间。例如，要检查高强钢焊缝有无延迟裂纹，无损检测实施时间，就应安排在焊接完成至少24h后进行。又如，要检查热处理工艺是否正确，就应将无损检测实施时间放在热处理后进行。从上述例子说明，只有正确地选用实施无损检测时间，才能正确评价产品质量。

3）正确选用最适当的无损检测方法。无损检测在应用中，由于检测方法本身特点所限，缺陷不能完全检出。为了提高检测结果的可靠性，必须在检测前，根据被检物的材质、加工种类、加工过程或使用过程，预计可能产生什么种类、什么形状的缺陷，在什么部位、什么方向产生；根据以上种种情况分析，然后根据无损检测方法各自的特点选择最合适的检测方法。

4）综合应用各种无损检测方法。在无损检测应用中，必须认识到任何一种无损检测方法都不是万能的，每种无损检测方法都有它自己的优点，也有它的缺点。因此，在无损检测的应用中，如果可能，不要只采用一种无损检测方法，而应尽可能多的同时采用几种方法，以便保证各种检测方法互相取长补短，而取得更多的信息。另外，还应利用无损检测以外的其他检测所得的信息，利用有关材料、焊接、加工工艺的知识及产品结构的知识，综合起来进行判断。在无损检测的应用中，还应充分的认识到，检测的目的不是片面地追求那种过高要求的产品"高质量"，而是在保证充分安全性的同时要保证产品的经济性。

应特别指出的是，射线检测和超声检测不能互为代替，因为两者检测原理不同，适用不同的缺陷。虽然标准中曾有过可以互为代替使用的规定。选择超声检测时，还可对超声检测部位作射线检测复验，选择射线检测时也可进行超声检测复验。但并不是射线检测合格了，超声检测也就合格了，选择了超声复检，按照超声检测标准不合格也是正常的。

如上所述，无损检测是根据无损检测结果来鉴定构件性能的一种技术，为了顺利地进行无损检测，必须具备下述几项前提：

1）被检测部位能充分运用无损检测。为了尽量做到这一点，设计人员必须很好地了解无损检测技术，如果设计的产品不能进行无损检测，那就不能保证该产品的性能要求。

2）必须掌握不同制造方法可能产生不同种类的缺陷，应很好地掌握各种加工方法所产生缺陷的特征，并选择最适于发现这种缺陷的无损检测方法。例如，要发现锻造及冲压加工所产生的缺陷，不宜采用射线检测。对于表面淬火裂纹，则宜采用磁粉检测。总之，从事无损检测工作的技术人员需要对制造过程具有充分的知识。此外，产生缺陷的时间也是一个重要因素。例如，某些经过焊接或热处理的材料会出现延迟裂纹，即在焊接或热处理后，经过几小时甚至几天才产生裂纹，因此，必须了解这些情况，以确定检验时间。

3）必须具备关于缺陷对材料性能影响方面的相关知识。如果不充分了解对该材料及构件性能的影响，就难以根据无损检测的结果来鉴定材料及构件是否满足性能要求。例如，即使有了缺陷存在，只要它并没有使性能下降，就不应把工件作判废处理。而要使这种判断准确可靠，就必须掌握关于缺陷对强度以及材料各种性能影响方面的广泛知识、有关标准规范的规定和要求指标、等级。

（二）理化检验

电力工程理化检验应用的主要方法有力学性能试验（含硬度检验）、钢材化学分析（含光谱分析）、金相检验等。

1. 焊接接头的力学性能试验方法

（1）焊接接头的拉伸试验（包括全焊缝拉伸试验）的目的是测定焊接接头（焊缝）的强度（抗拉强度、屈服点）和塑性（伸长度、断面收缩率），并且可以发现断口上的某些缺陷。试验可按《焊接接头拉伸试验方法》GB/T 2651、《焊缝及熔敷金属拉伸试验方法》GBT 2652进行。

（2）焊接接头的弯曲试验的目的是检验焊接接头的塑性，并同时可反映出各区域的塑性差别、暴露焊接缺陷和考核熔合线的质量。弯曲试验分面弯、背弯和侧弯三种，试验可按《焊接接头弯曲及压扁试验方法》GB/T 2653进行。

（3）焊接接头冲击试验的目的是测定焊接接头的冲击韧度和缺口敏感性，作为评定材料断裂韧性和冷作时效敏感性的一个指标。试验可按《焊接接头冲击试验方法》GB/T 2650进行。

（4）焊接接头硬度试验的目的是测量焊缝及热影响区金属材料的硬度，并可间接判断材料的焊接性和热处理效果。试验可按《焊接接头硬度试验方法》GB/T 2654、《金属里氏硬度试验方法》GB/T 17394进行。

（5）焊接接头（管子对接）压扁试验的目的是测定管子焊接对接接头的塑性。试验可按《焊接接头弯曲试验方法》GB/T 2653进行。

（6）焊接接头（焊缝金属）疲劳试验的目的是测量焊接接头（焊缝金属）的疲劳极限。试验可按《焊缝金属和焊接接头的疲劳试验法》GB/T 2656进行。

2. 钢铁化学分析方法的分类及简介

钢铁化学分析方法主要应用在：进厂原材料的检验、关键零部件的复检、热处理失效分析、混料的挑选等。

根据测定原理和使用仪器的不同，分析方法可以分为化学分析法和仪器分析法。

（1）化学分析法是以物质的化学反应为基础的分析方法，包括定性分析和定量分析。

1）定性分析是确定物质由哪些组分所组成。

2）定量分析是确定物质各个组分的准确含量，定量分析又分为如下方法：

a. 重量分析法。根据化学反应生成物的质量求出被测组分的含量的方法。

b. 气体分析法。根据化学反应中所生成气体的体积或气体与吸收剂反应生成的物质的质量，求被测组分的含量的方法。

c. 滴定分析法（又称容量分析）。根据化学反应中所消耗标准溶液的体积和浓度求出被测组分的含量的方法，具体又分为酸碱滴定法、氧化还原滴定法、络合滴定法、沉淀滴定法。

d. 比色分析法。试样溶液经显色后，溶液颜色深浅的程度与已知标准溶液相应的颜色比较，以确定物质含量的方法。

（2）仪器分析法是以物质的物理或物理化学性质的变化为基础测定物质含量的方法。由于这些方法都需要使用特殊仪器，所以通称仪器分析法，具体分为光分析法和电分析法。

1）光分析法又可以分为非光谱法与光谱法两类。①非光谱法：是指不以光的波长为特征讯号，仅通过测量电磁辐射的某些基本性质的变化的分析方法，如：折射法、干涉法、X射线衍射法和电子衍射法等；②光谱法：通过检测光谱的波长和强度的分析方法，如，原子发射光谱法、原子吸收光谱法、原子荧光光谱法、红外吸收光谱法、X荧光光谱法、核磁共振波谱法、激光拉曼光谱法等等。

2）电分析化学方法以电信号作为计量关系的一类方法，主要有电导、电位、电解、库仑及伏安五大类。

（3）钢铁分析常用的仪器简介。

1）红外碳硫分析仪。当红外光照射到样品时，其辐射能量不能引起分子中电子能级的跃迁，而只能被样品分子吸收引起分子振动能级和转动能级的跃迁。由分子振动和转动能级跃迁产生的连续吸收光谱称为红外吸收光谱。

高频红外碳硫分析仪的基本工作原理：基于高频感应原理，保证充足的氧气并在助熔剂的存在下，将样品进行充分燃烧，样品中含有的碳元素和硫元素转换成二氧化碳（CO_2）和二氧化硫（SO_2），然后再借助 CO_2 和 SO_2 吸收特定波长的红外光能量的原理，将 CO_2 和 SO_2 的含量浓度信号转换成电压信号，最后借助于计算机软件对得到的电压信号进行分析，得到 CO_2 和 SO_2 的含量，从而对应得到碳元素和硫元素的含量。

红外碳硫分析仪是分析金属材料中 C、S 这两个组分的专用仪器。

2）光电直读光谱仪。原子核外的电子在一般情况下处于最低能量状态称为基态，当获得足够能量后会使外层电子从低能级跃迁至高能级，这种状态称为激发态，是一种不稳定的状态，寿命小于 10^{-8}s，当从激发态回到基态时就要释放出多余的能量，若以光的形式出现就得到发射光谱。不同元素能够产生不同的特征光谱，而特征光谱的强度又与发光物质的含量存在着定量关系。根据所测得的光谱中各元素的特征谱线是否出现及所呈现的强度就可以进行该元素的定性和定量分析。

光谱分析仪器通常由光源、分光仪、检测器（目视法、摄谱法、光电法）三部分组成。光电直读光谱仪是测定金属材料最方便、最快捷、最通用的分析仪器。

理论上讲，它可以分析固体金属材料中几乎所有的组分。

3）原子吸收光谱。原子吸收光谱法是以测量气态基态原子外层电子对共振线的吸收为基础的分析方法。它根据从光源辐射出来的待测元素的特征光谱通过试样蒸气时，被蒸气中特征元素的基态原子所吸收，由特征光谱（通常是共振线）被减弱的程度来测定试样中待测元素的含量。原子吸收光谱仪由光源、原子化器、单色器、检测器四部分组成。

原子吸收光谱仪具有检出限低、准确度高、选择性好（即干扰少）、分析速度快等优点。主要适用样品中微量及痕量组分分析。

3. 金相检验

金相检验（或者说金相分析）是应用金相学方法检查金属材料的宏观和显微组织的工作。

（1）现场金相检验。现场金相检验一般通过取样或者现场数码金相检验或非破坏性现场复型方式实施。在不易取样的部位，或取样会影响到部件完整性，或者需要在部件上进行重复性研究时，常常使用现场数码金相检验进行显微组织评价的方法。

（2）金相分析方法的选择原则。适用于现场部件的金相检验技术和方法较多，根据分析目的的不同，可按照一般性金相检验、状态检验、寿命评估等3个层次选择金相检验与分析的具体方法，对检验结果的可靠性要求也不一样。

一般性金相检验是指以常规组织形态分析为主的检验，其检验内容一般包括评定金相组织、球化（老化）程度、夹杂物级别、晶粒度级别等标准项目，检验点数量一般较少，通常对检验结果不进行详细统计或定量分析，只限于对标准规定的评判。

状态检验是指采用适当的金相检验方法，对部件材料状态进行检验并评估的技术，其状态检验内容一般包括标准项目和非标准项目，如材料老化状态、蠕变损伤状态、腐蚀氧化状态、脆化状态、表面状态、开裂状态等的检验和评估，要求适度的数据可靠性。依据单一或综合的状态检验结果，结合以往部件状态变化规律研究结果进行定性（或定量）分析，可给出部件状态的明确评定结论。

（3）金相分析方法的使用范围。各种金相检验和评定技术的应用范围有很大的差异，不同方法可获得的信息是不同的。金相检验和分析的结果与检验工艺的正确与否有很大关系，取样或检测点位置、数量、角度、制备过程、观察区域和倍数、照片制备等过程都会对结果产生重大影响，金相检验和分析人员均应通过相应的专业技术培训。

金相分析方法，其相关研究与应用只适用于低合金钢，部分中、高合金钢。另外，金相分析技术主要与蠕变寿命损耗机理有关，不适用于疲劳寿命损耗等其他损伤方式的分析和评估。

（4）金相检验方法。

1）宏观金相检验。宏观金相一般是指通过肉眼或放大镜观测到的，放大倍数一般不大，10倍左右，主要观测焊缝的宏观形貌（如夹杂、宏观裂纹等），现在通过数码相机就可以完成。

焊接接头的宏观组织可分为中心焊缝区、靠近焊缝的热影响区、母材金属三个部分。

宏观检验是指肉眼或10倍以下放大镜所进行的检验和分析。低倍组织检验用于检查材料宏观质量，评定宏观缺陷，检验工艺过程和进行失效分析，检验前，一般用400～600号砂纸打磨表面，然后浸蚀。低倍组织检验可区分树枝晶、焊接区、偏析、疏松、宏观粗晶等。具体操作应按照《钢的低倍组织及缺陷酸蚀检验法》GB/T 226标准要求进行。低倍组织缺陷评定应按照《结构钢低倍组织缺陷评级图》GB/T 1979标准要求进行。螺栓钢的粗晶检验应按照《火力发电厂高温紧固件技术导则》DL/T 439标准要求进行。

2）微观金相检验。微观金相需要通过：制样（打磨及抛光）→腐蚀→显微镜观察（包括电子显微镜）。放大倍数 100～1000（光学显微镜）、200～10000（电子显微镜）。主要观测材料的组织形态，以分析材料的均匀性、工艺的稳定性等。

焊接接头的微观组织可分为焊缝区域组织形态、焊缝的热影响区组织形态、母材金属组织形态三个部分。

二、金属检测的目的和作用

（一）无损检测的目的和作用

无损检测的主要目的之一，就是对非连续加工或连续加工的原材料、半成品、成品以及产品构件提供实时的工序质量控制，特别是控制产品材料的安装质量与制造工艺质量，同时，通过检测所了解到的质量信息又可反馈，促使进一步改进设计与制造工艺以提高产品质量，收到减少废品和返修品，从而降低制造成本、提高生产效率的效果。

由于焊接接头是影响机组运行安全的最薄弱环节之一，因此，无损检测技术在降低焊接费用、提高材料利用率、提高生产效率，使焊接件同时满足使用性和经济性两方面都起着重要的作用。

必须根据被检测工件的状态来确定检测的目的，同时考虑采用哪种检测方法和检测规范能够达到预定的目的，通常无损检测有以下几方面的作用。

1. 确保工件或设备质量，保证设备安全的运行

用无损检测来保证产品质量，使之在规定的使用条件下，在预期的使用寿命内，产品的部件或者整体都不会发生破损，从而防止设备和人身事故。例如，锅炉、压力容器的无损检测，从原材料的无损检测开始，到成品、安装质量、在用设备的无损检测，都是为了尽量减少其发生损坏、引起事故的可能性。

2. 改进制造工艺

无损检测不仅要把工件中的缺陷检测出来，而且应该帮助其改进制造工艺。例如，焊接某种压力管道，为了确定焊接规范，可以根据预定的焊接规范制成试样，然后用射线照相检查试样焊缝，随后根据检测结果，修正焊接规范，最后确定能够达到质量要求的焊接规范。

3. 降低制造成本

通过无损检测可以达到降低制造成本的目的。例如，焊接某容器，不是把整个容器焊完后才无损检测，而是在中间工序先进行无损检测，提前发现不合格的缺陷，及时进行修补。这样就可以避免在容器焊完后，由于出现缺陷而整个容器不合格，从而节约了原材料和工时费，达到降低制造成本的目的。

（二）理化检验的目的和作用

理化检验是实现工业现代化，发展科学技术的重要基础性技术，是确保和提高产品质量、鉴定科研成果、评价产品性能、提高新材料应用水平的重要手段和科学依据。当前，理化检验作为电力工程超超临界机组材料、工程研究和运行质量控制的综合性科学技术正越来越被人们重视，同时也得到迅速发展。不少单位已具备了先进的理化检验设备和检测技术，在大容量、高参数机组和新材料、新工艺的生产和研究中发挥了重要的作用。

对于新材料、新工艺、新技术工程应用研究，开发新产品，产品失效分析、寿命预测、工程设计等理化检验工作是专业技术，对产品的质量既有监督保证作用，又有指导作用。

在电力建设安装过程中是新材料、新工艺、新技术工程应用的初步检验阶段，如电力工程中的 T/P92、Super304、HR3C、TP347H 等新材质的应用从开箱检验材质、验证焊接工艺、现场模拟练习、焊接热处理硬度、焊缝金相检验每个阶段都离不开理化检验。

在发电运行过程中，理化检验是保证和提高机组运行质量的重要手段。可以说，电力工程的发展和进步取得的巨大成就离不开理化检验技术的进步和发展。理化检验水平的高低是现代科技发展和产品质量的重要标志。

往往把理化检验看作产品质量的"窗口"，鉴别材料及产品质量的"内科大夫"。在国际贸易中，理化检验被先进工业国当作保持其技术领先地位和衡量产品优劣的标志。在进口贸易中，若没有先进的理化检验手段对外国的产品进行商检，外商把劣质产品以次充优也不会被发现，使国家利益蒙受巨大损失。在电力工程产品生产中，不仅要求产品使用安全，而且要求性能可靠，因此，理化检验在电力工程的质量监督中更具有特别重要的地位，要求理化检验机构完善，人员、专业齐全，设备、仪器配套，管理科学，试验数据可靠，才能够满足大型现代机组建设、运行、生产的需求。

在上述基本任务中，原材料和半成品的冶金质量检验是最主要的任务，是理化检验工作的核心。它是借助理化检验的各种手段和方法，测定原材料、半成品及成品的内在质量特性，然后将检测的结果与原材料和产品零件的技术标准作比较，从而对其做出合格或不合格的结论；在有要求时，对不合格产品还要做出适用或不适用的判断。由此可见，理化检验的职能范围与单纯的质量复查的职能范围有明显的不同，单纯的质量复查只是挑出不合格产品，而理化检验工作不只是挑出不合格产品，还包括进一步查明不合格的原因，提出措施和改进方案，或寻找代用依据等。

理化检验在电力工程建设任务中，有关水介质成分分析及 pH 值测定；焊缝工艺性能验证及成分分析、金属组织结构；焊接热处理的工艺结果验证等。由此可见，理化检验是电力建设技术工作的见证点；更是热加工工艺质量的可靠检验手段。

理化检验必须是一个专业完整、人员精良、设备配套、管理科学的检测机构，能独立、客观、公正地行使其检测职权，以保证理化检验结果的准确性、公正性、科学性、同一性和权威性。为了实现上述要求，应做好以下工作：

1. 提高理化检验人员素质，稳定技术队伍

理化检验人员的技术素质是保证检测结果准确可靠的决定因素。为确保检测质量，理化检验人员应经过技术培训、考核，实行专业人员资格能力认定，要执行持证上岗、无证不得上岗的制度，做好传、帮、带工作，使理化检验技术队伍后继有人。

2. 重视理化检验设备的更新改造

理化检验设备是确保理化检验项目检测精度的关键要素之一。对配备的设备仪器要精心维护，对设备仪器要有专人保管，要有严格的操作规程和维修档案，从而保证检测精度和自动化程度。

3. 加强质量监督管理

检测机构的理化检验应建一套行之有效的管理制度，并在执行中不断补充和完善，确保理化检验工作满足电力建设理化检验质量控制的要求。对于现场金相试验在质量监督管理过程中，要检查核查重要合金部件已完成的硬度检验、金相检验资料的试验结果、内容是否满足规程要求；核查重要管道的焊接工艺资料中理化检验资料的硬度检验、金相检验资料的对应性、一致性，是否满足规范要求。

4. 硬度检验、金相检验的主要作用

（1）硬度检验在电力工程金属检验中的作用。通过实际工作中应用的硬度检验方法，对在检测中发现的被检部件、材料硬度值不正常的现象进行分析，并根据分析结果、辅以其他检测手段，判断出所测部件硬度值是否符合要求，进而确定所检测部件是否满足现场使用要求。

1）螺栓的检测。在机组安装过程中对高温螺栓、螺母进行硬度检验时，是根据规程规定的要求，对于不同材质的螺栓按照规程规定或厂家出产合格依据的硬度范围进行核查，凡是不在规定范围内的，应进行鉴定检验判定，根据结果确定处理方法。

2）热制弯管的检测。对于大口径、厚壁管弯管都是采用加热的方法进行弯制的，若工艺不当将会造成弯制的弯管不符合《电站弯管》的技术要求，在弯管到货检验时测厚检验、必要时硬度检验，通过测厚和硬度检验，确定其弯管壁厚和弯制工艺是否符合规程要求。

在对承压管道、部件进行检查时，要充分发挥硬度检验的快速、方便作用，对于硬度值过高或过低，要引起高度重视，对于过低或过高的材料有可能是材料错用或热处理不当所致。避免错用材料或使用材料性能不符合要求的承压部件。

3）焊缝热处理情况的检测。硬度对焊缝的检测，在焊接完成经热处理后，检查焊缝与母材的硬度值及差值，对于不同的材料规定了不同的硬度值及差值范围，超过范围的需要重新进行热处理。

如在对一合金管道焊接热处理完成后进行硬度检验时，发现焊缝硬度比母材的硬度低，通过光谱分析检测发现焊接所用的材料为碳素钢焊条，究其原因，按照合金材料的热处理工艺，碳素钢材料是无法达到合金钢材料的材料性能，通过硬度检验，可以间接判断出合金材料和碳素钢材料的区别。

硬度检验是理化检验一种最简便、快捷的检测方法，对检测环境要求也不高，因此，它在电力行业无损检测中运用较为广泛。因此，只要在检测中正确分析检测结果，并对检测的部件的性能、供货状况了解清楚，就能够判别被检部件是否属于所需要的合格部件，辅以其他检测手段就可以准确判明不合格部件产生的原因，并为消除缺陷或对不合格部件进行更换提供可靠依据。

（2）金相检验在电力工程金属检验中的作用。宏观检验的目的是为了确定形貌特征。微观金相检验的目的在于分析金属材料的显微组织形态、分布和晶粒大小等，判断和确定金属材料的质量。

通过对供货材质的金相检验，第一，可以判明组成金相组织是什么，能观察其形状、大小、数量、分布以及均匀性等；第二，可判明材料组织是否正常；第三，可鉴别材料在冶炼过程中存在的缺陷如夹杂物、气孔、偏析以及在热加工过程中或超温下产生的缺陷如过热、过烧、表面脱碳程度等；第四，可用于验证在某些条件下焊接工艺性能的符合性。

金相检验在电力工程中的主要在作用有：

1）检验受监部件的制造质量、物质供货状态的金相组织形态。通过金相检验可以检查锅炉受热面管、主蒸汽管、高温再热蒸汽管等受监部件物质供货组织形态，高温紧固件螺栓的制造质量。

2）检验原材料的材质质量品质，鉴定材料中的非金属夹杂物、铸造缺陷、轧制缺陷、

晶粒度、显微组织形态。通过金相检验可以检查铸造、轧制的管件、阀门、法兰、配件等的材质组织形态的质量。

3）检验金属部件及其焊接热处理后的焊缝、热影响区淬硬组织、过烧组织、微观裂纹等安装质量。

现场焊接工程是电力工程的关键质量控制环节，焊接工艺、焊接参数、焊接质量的检验都需要通过金相检验来验证，尤其是重要部位的高合金钢的 T/P91、T/P92 焊缝的金相组织检验是监督检查项目控制的重点。

第三节　焊接和金属检测质量监督

电力工程质量监督是指电力行业主管部门或其委托的工程质量监督检查机构（统称质监机构）根据国家的法律、法规和电力工程建设强制性标准、对责任主体和有关机构履行质量责任的行为以及工程实体质量进行监督检查、维护公众利益的执法活动。

工程建设质量责任主体是指参与工程建设项目的建设单位、勘察单位、设计单位、施工单位和监理单位。

质量行为是指在工程项目建设过程中，责任主体和有关机构履行国家有关法律、法规规定的质量责任和义务所进行的活动。

质量监督检查是指质量监督机构根据有关工程技术标准及规定，对责任主体和有关机构履行质量责任的行为，以及对有关工程质量的文件、资料和工程实体质量等随机进行的抽样检查活动。

监督检测是指质量监督机构（或委托资质能力符合要求的检测机构）在施工现场使用便携式仪器、设备，随机对工程实体及构配件和零部件进行的实物质量抽样测试。

焊接工程的质量监督检查是对电力焊接工程有关阶段关键控制部位的焊接质量的监督检查；金属检测质量监督检查是对检测单位检验工作质量的监督检查，是核查焊接工程内部质量情况的技术专业性比较强的监督检查活动。

在电力工程建设项目施工过程中的质量检查的方式主要有见证、旁站、确认、签证、验收等。现将有关术语的界定区别说明如下：

见证：由监理人员现场确认某工序全过程完成情况的活动。例如，"见证取样"检验活动的"见证"过程。监理人员的见证活动应在有关的见证记录资料或见证文件中表述。参与见证活动的人员应在相关的记录或文件上签字。

旁站：在关键部位或关键工序施工过程中，由监理人员在现场进行的监视活动。旁站的主要是监视并见证作业过程。向施工单位指出违规作业现象并监视其纠正。通过"旁站认可"对其作业过程进行监理控制。旁站的活动也包括在监视过程中辅以必要的实测实量、检查验证。旁站是进行监理策划时应预设的监理活动。"旁站"监理活动应在监理人员的监理日志或其他规定的监理记录表格中加以记录。

确认：质量管理部门人员通过一定的管理方法对施工作业活动实施管理后所表示的认可。确认可以采取签认的形式。也可以采取在双方认可的记录中表述的形式，任何口头或电话确认的内容，必须保留适当的记录。

签证：由监理人员在规定的文件、记录上签字或签署意见以表示对该文件、记录所描述的事件内容的认可程度。

验收：是指由监理单位组织的对施工各阶段工程成果的检验并接收的活动或按规定应有监理单位参与的工程验收活动。

焊接工程质量监督检查涉及锅炉、压力管道及其附属部件的焊接质量、汽轮机及其辅机的焊接质量、电气设备及其连接部件焊接质量，对于跑、冒、滴、漏等更是监督检查的重点。

金属检测质量监督检查涉及所有合金部件的材质复核检验、原材料的供货组织品质、各种受监部件的制造质量检验；尤其是各种焊接连接的部位内部质量的无损检测、理化检验等质量检验行为、实体质量检验是金属检测质量监督检查必须掌握和了解的内容和控制点。

一、焊接和金属检测主要监督检查阶段

焊接工程和金属监督检测的质量监督检查主要涉及电力工程质量监督的锅炉水压试验前、汽轮机扣盖前、厂用电系统受电前、机组整套启动前、机组商业运行前的阶段监督检查。

（一）锅炉水压试验前监督检查

1. 焊接工程质量监督

焊接是锅炉安装中的一道重要工序，合理的施工方案能够降低焊接难度，减轻工人劳动强度，提高焊接质量。焊接工程在锅炉水压试验前监督检查主要涉及锅炉本体部件安装焊接，锅炉受热面焊接，锅炉本体管道焊接，锅炉杂项管道焊接，烟、风、煤、粉管道及附属结构焊接，锅炉密封焊接，启动锅炉管道焊接等。

锅炉水压试验前阶段的焊接工程监督检查是检验锅炉水压范围内焊接工程的是一个重要的阶段性标志，锅炉安装质量的关键是通过焊接工程质量反映出来的。从锅炉钢结构安装焊接开始、锅炉受热面组合焊接的展开、锅炉本体管道焊接、锅炉杂项管道焊接的进行、到锅炉密封焊接工程的结束都是分部工程的检查验收。虽然焊接质量经过了验收检查，也只是焊接质量在非受力状态质量下的检查。锅炉本体水压试验是焊接质量在受压力状态下的检验。所以在此阶段的实施之前需要对焊接质量进行一次全面监督检查，以确保锅炉水压试验的成功。

2. 金属检验质量的监督检查

锅炉水压试验的目的是通过水压试验，检查锅炉承压部件的严密性，保证承压部件运行的可靠性。金属检验是保证锅炉水压试验的前提条件，首先锅炉安装的合金部件安装前需要材质复合，其次锅炉的焊接质量必须按规定要求进行无损检测、理化检验，最后对关键部件的焊接内部质量、合金钢材质、合金钢焊缝等进行必要的抽查验证，证明金属检验的质量行为、主要受监部件检测工作的质量满足锅炉水压试验的要求。所以在此阶段对锅炉水压试验范围的金属检验工作需要进行一次全面的监督检查，确保锅炉水压试验前各项指标的金属检测质量满足规定要求。

（二）汽轮机扣盖前监督检查

1. 焊接项目的质量监督检查

汽轮机扣盖是汽轮机组安装过程中的一个重要的节点，扣盖标志着汽轮机本体安装接近尾声。焊接是汽轮机管道安装中的一道重要工序，尤其是与汽缸连接管道的焊接质量有着至关重要的作用，合理的焊接方案是保证和提高焊接质量的前提，能够降低焊接难度，减轻劳动强度。焊接工程在汽轮机扣盖前监督检查主要涉及缸体下部管道焊接接头安装焊接、凝汽

器与汽缸的焊接、凝汽器的管板焊接、排气管道的焊接等。

汽轮机扣盖前阶段的焊接工程监督检查，是检验汽轮机扣盖前与缸体相连接的焊接项目的质量，此阶段的缸体下部连接的热力管道应该焊接到第一个管道支吊架后，避免扣盖后焊接施工产生应力对汽缸形成位移现象；排气管道、凝汽器连接、凝汽器管板的焊接质量扣盖后形成了隐蔽工程。虽然焊接质量经过了验收检查，其焊接质量关系到阶段工程的转序验收。所以在此阶段的实施过程之前需要对与扣盖有关的焊接质量进行一次全面监督检查，以确保汽轮机扣盖的各项指标满足质量监督检查要求。

2. 金属检验质量的监督检查

金属检验质量监检的目的是通过对受监督部件的检测和复验，及时了解汽轮机设备供货质量情况，防止错用材质、检出危害性焊接缺陷、保证安装质量，提高设备安全运行的可靠性，延长设备使用寿命。对汽轮机扣盖安装过程中金属检验完成项目的监督检查，是验证检验工作质量的重要过程，是质量监督的重要环节。

汽轮机金属部件的金属检验是保证汽轮机扣盖质量的前期条件，首先汽轮机安装的合金部件安装前需要材质复合，高温紧固件的材质、供货组织状态，缸内取源部件的材质复核等，其次汽轮机部件连接的焊缝必须按规定要求进行无损检测、理化检验，最后对关键部件的焊接接头内部质量、合金钢焊缝等进行必要的抽查验证。证明金属检验的质量行为、主要受监部件检测工作的质量满足质量监督的要求。所以在此阶段对汽轮机扣盖范围的金属检验工作需要进行一次监督检查，确保汽轮机扣盖各项指标的满足规定要求。

（三）厂用电系统受电前监督检查

1. 焊接项目的质量监督检查

厂用电系统受电是工程项目调试的重要节点，是火电建设工程质量由静态考核向动态考核转化的重要阶段，标志着机组分部试运的开始。厂用电系统受电为机组辅机设备的单机检测及分部试运工作提供了可靠地供电保障。母线起着汇集、分配和传送电能的作用，它是连接多个电气回路的低阻抗导体。通常采用高导电率的铜、铝等材质制成，因此母线的正确选用和良好安装是其可靠运行的保障。在厂用电系统受电前监督检查主要涉及母线安装焊接，母线在运行中将汇集承载各回路电流，发生短路故障时还将承受短路电流产生大量的热量和电动力。随着发电厂容量和电网规模的不断增大，母线的型式日趋多样化。发电厂和变电站常用的硬母线有矩形母线、槽形母线、管形母线等，其中管形母线散热好、集肤效应小、电晕放电电压高、机械强度高，对焊缝进行质量控制是为满足母线焊缝的强度和载流量，当焊缝不满足上述规定，母线接头的强度就降低，电阻增加，导致在通过额定负载电流时，接头升温将超过设计值，给正常运行带来安全隐患。而且母线在长期运行中，由于盐雾、水分的侵蚀，引起电解和电化腐蚀，母线接头的电阻会进一步增加。所以母线焊接首先要保证接头的载流截面和强度。

厂用电系统受电前阶段的焊接工程监督检查，是检查母线焊缝的焊接质量，确认焊接接头符合《母线焊接技术规程》DL/T 754 相关要求；因为母线的焊接质量在厂用电系统受电后形成了隐蔽工程。所以要监督检查焊接工艺及焊接作业指导书，施焊人员的能力、资质情况，虽然焊接质量经过了验收检查，其焊接质量关系到阶段工程的转序验收。所以在此阶段的实施过程之前需要对与母线有关的焊接质量进行一次抽查验证，以确保厂用电系统受电的各项指标满足质量监督检查要求。

2. 金属检验质量的监督检查

厂用电系统受电前母线焊接质量的无损检测根据焊接接头形式的不同，对于搭接接头采用渗透检测，对接接头采用射线检测的方法。母线焊接工艺评定的射线检测、焊接接头拉伸试验、搭接接头的断面宏观金相检验等工作已完成。证明金属检验的质量行为、主要母线焊接检测工作的质量满足质量监督的要求。所以，在此阶段对母线焊接的金属检验工作需要进行一次监督检查，确保厂用电系统受电金属部件的各项指标的满足规定要求。

（四）机组整套启动试运前监督检查

1. 焊接项目的质量监督检查

机组的试运行是全面检验主机及其配套系统的设备制造、设计、施工、检测和生产管理的重要环节，是保证机组能安全、可靠、经济、文明地投入生产，形成生产能力，发挥投资效益的关键性转序点。参加整套启动试运的设备和系统的分部试运工作已全部完成，机组整套启动试运前焊接工程全部验收结束，锅炉、汽轮机、电气、热控专业主要设备和辅助设备，以及相关的系统；汽轮机旁路系统，热控系统；汽源、水系统、压缩空气系统；化学处理系统，制氢、制氯和加药系统；煤、粉、燃油、燃气系统，灰、渣系统；附属及配套脱硫、脱硝需要配合启动时焊接工程已验收结束。所以在此阶段的实施过程之前需要对与机组整套启动试运前有关的焊接质量进行一次全面监督检查，以确保机组整套启动试运前各项指标满足质量监督检查要求。

2. 金属检验质量的监督检查

机组整套启动试运前主机及其配套系统设备的金属检验工作已全部完成，锅炉的附属及配套的煤、粉、燃油、燃气系统，灰、渣系统，附属及配套脱硫、脱硝金属检验项目全部完成。汽轮机四大管道、汽轮机旁路系统、热控系统、汽源、水系统、压缩空气系统、化学处理系统、制氢、制氯和加药系统等热力管道及焊缝材质复核、金相检验、无损检测等全部完成。证明金属检验的质量行为、机组整套启动试运前焊接检测工作的质量满足质量监督的要求。所以在此阶段对机组整套启动试运前焊接的金属检验工作需要进行一次全面监督检查，确保机组整套启动试运前各项指标满足规定要求。

（五）机组商业运行前监督检查

机组商业运行前的质量监督检查，是判定工程质量是否符合设计规定，符合国家和行业的相关标准要求，机组能否安全、可靠、稳定地投入商业生产运行的重要转序节点。机组商业运行前的设备消除缺陷、施工及检测未完成项目中的涉及焊接及金属检验工作的质量检查项目，应依据有关验收规范完成检查验收，设备消除缺陷或未完项目完成后应形成相应的质量见证资料。

二、各阶段监督检查应具备的条件

焊接和金属检测涉及的各阶段监督检查按照《火力发电工程质量监督检查大纲》的要求应具备一定的条件。由于每个阶段监督检查有着不同的要求和目的，为达到转序前监督检查、抽查验证验收、监督检测验证、强制性条文为基础的质量监督检查目的，对于各个阶段应具体条件的了解和掌握是质量监督检查人员必备常识性知识。

（一）锅炉水压试验前

锅炉水压试验前阶段焊接工程实体质量应具备的条件是水压试验的基本要求，尤其是焊接实体质量应具备的条件是必备要求，锅炉系统水压试验是检验承压部件尤其是焊接静态质量致密性是否达到承压密闭条件。对于承压部件、受监焊接接头必须完成规定的无损检测、理化检验，检验结果达到标准规范规定，形成的各种检测记录、报告齐全规范。质量监督检查大纲（简称"大纲"）要求焊接和金属检测专业，监督检查前应具备如下条件：

1. **实体质量具备条件**

锅炉水压试验范围内实体质量焊接工程，应全部施工完，对于受监焊接接头全部检验完且合格，并按规定进行了焊接热处理，质量合格。

（1）水压试验范围内所有焊接接头施焊结束，经过外观检查合格。

水压范围内的焊接工程结束是基本条件，经过外观检查合格。目的是保证没有遗漏或个别没有达到质量要求验证。如水冷壁的折烟角部位、角部散管焊接接头的密封、省煤器磨护套焊接、顶棚联络管焊接接头的外观质量检查等。

（2）水压试验范围内焊接接头按规定完成了焊接热处理及相应的检验。

对于有热处理要求的焊接接头，对容易产生延迟裂纹的钢材，焊后应立即进行焊后热处理，否则应立即进行后热。对于《火力发电厂焊接技术规程》DL/T 869 要求的焊接接头应该进行焊后热处理的焊接头应完成热处理工作。如壁厚大于 30mm 的碳素钢管道、管件，耐热钢管子及管件和壁厚大于 20mm 的普通低合金钢管道焊接接头等。对于热处理的结果需要进行必要的验证检测，主要是指硬度检验、焊缝的光谱复核、金相检验的工作已完成。

（3）受监焊接接头按规定进行了金属检测全部合格，满足质量检验要求。

受监督检查的水压范围内焊接接头必须按照规范规定在水压试验前完成无损检测，这是锅炉水压试验前必须严格执行的工序验证点，水压试验的目的是为了检验焊接承压部件的强度及严密性，由于常规无损检测方法只能检测出焊接接头的内部缺陷的存在情况，无法检验焊接部件的强度，所以水压试验前必须完成规定的无损检测项目。

2. **资料检查应具备条件**

锅炉水压试验前焊接施工质量管理体系运行效果的检查，焊接工艺评定、焊接质量管理工作和质量控制，实体质量状况统计，检测试验活动等记录、报告齐全。质量监督检查是阶段性的抽查，不能代替质量检查和验收，通过抽查必要的焊接工程计划、实施记录报告等相关资料来验证验收、监督检测验证的结果和结论。

（1）焊接工程项目一览表的项目内容齐全，焊接工程验收项目划分表、焊接分项工程综合质量验收评定表、焊接记录齐全。

锅炉水压试验前焊接工程项目的计划内容与实施完成情况完整性、一致性、合理性的抽查，各种有关的焊接及检验方案的有效性复核等。

（2）锅炉承重、承压焊接接头的外观质量与检查记录相符。

锅炉的承重、承压焊接接头的检查记录与重要部位实体抽查情况的相符性是检查资料真实性的抽查验证手段。

（3）焊接工程检测一览表的项目内容齐全，无损检测报告、理化检验报告、合金材质复检的光谱分析报告等齐全。

锅炉水压范围内焊接工程的检测试验活动必须按照规程规定完成，检验计划、检测作业指导书、检测工艺卡、检测项目完成一览表、重要记录报告的完整性、一致性、合理性的抽查，各种有关的检测试验的有效性复核等。

（二）汽轮机扣盖前

汽轮机扣盖前阶段的金属检验及部分焊接工程质量应具备的条件是汽轮机扣盖的基本要求，尤其是金属检验检测质量是具备条件的必备要求，汽轮机缸内的转动部件、承压部件，检测汽轮机内部合金钢部件质量的符合性（主要指满足规范规定和设计要求）是关系到汽轮机安全稳定运行、达到额定参数前提条件。因汽轮机扣盖后内部零部件处于隐蔽状态，所以对于合金部件、受监焊接接头必须完成规定的无损检测、理化检验，检验结果符合规范及设计规定要求，形成的各种检测记录、报告齐全规范。根据大纲要求焊接和金属检验专业，监督检查前应具备如下条件：

1. 实体质量监督检查具备条件

汽轮机扣盖范围内实体质量的焊接工程，应全部施工完，合金部件全部复核完且符合规定要求，并按规程规定完成了无损检测、理化检验，满足质量标准要求。

（1）汽轮机本体的合金钢零部件（包括热工测量元件）和外部合金钢材料及其焊接接头（按规定已安装的部分）光谱复查结束。

汽缸内部的合金钢部件是根据其材质特性的强度、硬度、塑性、韧性选取和应用的，合金钢与碳钢材料之间，不同的合金钢材料之间其材质特性的差别很大，所以所用的合金钢部件必须进行材质的光谱复查，满足设计要求。若出现错用、混用材质的情况必将造成汽轮机运行的不安全因素，甚至造成事故。由于扣盖后形成隐蔽状态，所以汽轮机扣盖前必须完成复查。

（2）高温紧固件光谱、硬度、无损检测及金相复查结束。

汽轮机的高温紧固件的合金钢材质符合性是紧固件使用的基本条件，其成品的性能指标、制造工艺结构、金属材料组织结构不仅对机组安全、稳定运行起到重要的作用，而且材质的性能、指标差异将影响机组的使用寿命。所以汽轮机扣盖前需对高温紧固件合金钢材质含量进行光谱分析，螺栓的硬度指标进行复核，螺栓的制造工艺结构关键部位进行超声检测，必要时抽查高温紧固件的金相组织结构特点是否满足要求。

（3）缸体下部连接的凝汽器或排汽装置连接完、热力管道应焊接到第一个管道支吊架后。轴瓦及推力瓦脱胎无损检测结束，报告齐全。

与缸体下部连接凝汽器或排汽管道在扣盖前必须完成，由于焊接应力的作用将影响缸体的就位精度，其焊接质量扣盖后形成了隐蔽工程；汽轮机扣盖时缸体下部的热力管线的焊接连接到第一个管道支吊架后，是为了避免扣盖后焊接施工产生应力对汽缸形成位移现象。轴瓦及推力瓦的结合面的质量情况关系到瓦的使用状态，扣盖前应完成其无损检测。

2. 资料监督检查应具备条件

汽轮机扣盖前金属检测质量管理工作和质量控制，实体质量状况统计，检测试验活动等是通过见证资料也就是记录、报告来实现的。汽轮机扣盖前质量监督检查是阶段性的抽查，不能代替汽轮机安装过程中的质量检查和验收，抽查汽轮机安装零部件及其焊接工程的金属检测计划与实施情况的完整性、一致性、记录报告的准确性、有效性。

（1）汽轮机扣盖范围内依据规范规定的金属检验项目检验完，各项检测试验报告齐全。

金属检验一览表的项目内容齐全，无损检测、理化检验报告、合金钢材质复检的光谱分析报告等齐全。

（2）与汽缸相连的主要装置及管道焊接检验、热处理记录及质量检验资料内容完整，报告（含底片）齐全。

凝汽器或排汽装置连接、凝汽器管板焊接有关资料齐全，缸体下部管道焊接及热处理记录资料齐全。

（3）汽缸及内部合金钢零部件及与汽缸连接的合金钢管光谱复查报告齐全，符合制造厂图纸规定。

（4）高温紧固件的硬度复测、光谱复查及金相抽查符合制造厂要求和规范规定，检测报告齐全。

（三）机组整套启动试运前

整套启动试运的设备和系统的分部试运工作已全部完成，焊接工程全部验收结束，主机及其配套系统设备的金属检验工作已全部完成，汽轮机四大管道、汽轮机旁路系统、热控系统、汽源、水系统、压缩空气系统、化学处理系统、制氢、制氯和加药系统等热力管道及焊接接头材质复核、金相检验、无损检测等全部完成。锅炉、电气、热控专业主要设备和辅助设备以及相关的系统；煤、粉、燃油、燃气系统，灰、渣系统；附属及配套脱硫、脱硝需要配合启动时焊接工程已验收结束。证明金属检验的质量行为、机组整套启动试运前焊接检测工作的质量满足质量监督的要求。

1. **实体质量具备条件**

（1）锅炉附属系统、脱硫、脱硝装置及其系统焊接质量检测、验收合格，记录齐全。燃油罐区和油泵房设备及其管道系统安装、冲洗验收合格。

（2）汽轮机四大管道、汽轮机旁路系统、热控系统、汽源、水系统、压缩空气系统、化学处理系统、制氢、制氯和加药系统等热力管道及焊缝材质复核、金相检验、无损检测等全部完成。

（3）液氨罐区和设备及其管道系统安装焊接工程验收合格，消防灭火器材配备管道焊接验收合格，符合规定。

2. **资料检查应具备条件**

（1）机组整套启动试运前应形成的各类工程管理和技术文件、资料已按规定进行了分类、整理，并汇编成册，归档目录齐全、清晰。

（2）锅炉水压试验后，焊接整改项目的完成情况及签证齐全；锅炉炉顶二次密封、蠕变测点焊接记录齐全。

（3）汽轮机焊接工程焊接及检测一览表的内容齐全，压力管道焊接分项工程验收评定表、焊接记录齐全。四大管道、导汽管、旁路汽轮机抗燃油管道的焊接，材质复核、金相检验、无损检测等全部完成，报告齐全；焊接热处理统计、焊接接头检验统计汇总检查齐全。

（4）蒸汽冲管期间各系统和主要辅机运行情况，以及发生的缺陷和缺陷处理情况；合金钢取源部件光谱分析复查合格，报告齐全。同步形成的各类技术文件和资料是否齐全、完整，内容是否真实、正确。

第二章

焊接工程和金属部件实体质量
监 督 检 查

在当前电力焊接工程高标准、严要求的环境下,焊接项目质量管理工作越来越得到重视。焊接质量管理是以客户满意为目标,以质量管理为中心,建立并实施焊接工程质量管理体系。全面质量管理过程中进行实体质量的监督检查,贯彻有效的质量监督检查程序,达到对焊接工程质量的事前、事中和事后控制,做到可控、能控、在控,并对焊接工程的实体质量采用适当的检测试验方法,通过检测手段验证其实体质量满足目标需求。

对电力工程焊接的质量策划管理、质量监控和质量纠偏修复进行控制。通过对焊接工程的质量监督检查,对焊接实体质量进行分阶段、分类别、有针对性的检测试验活动,甄别出焊接质量的影响因素,利用主次因素分析法,对焊接实体质量进行分析,并提出相应质量监督检查方法。

焊接工程质量管理是一个系统工程,焊接工程和金属部件实体质量监督管理的实施,需要在电力工程的实际运用中加以运用和验证。电力工程焊接实体和金属部件实体质量监督,宜按照钢结构及承重部件、锅炉受热面、压力容器、压力管道、联箱、汽轮发电机组部件、热工仪表及控制装置元件、母线及接地装置、配套辅助设备设施的分类方式,进行分类检验、检测、监督,并对每项工程采用适宜的检测方法,达到转序前监督检查、现场监督验证验收、监督检测抽查验证的目的。

第一节 锅炉钢结构及承重钢结构部件

电力工程钢结构及承重部件,是指在火力发电装备制造中,用钢材制成的用于承载发电锅炉本体、汽包、集箱、受热面、水冷却系统、除尘系统等部件的高层楼塔钢结构。锅炉钢结构这类产品其质量好坏,直接关系到锅炉机组的安全运行。因为锅炉钢架是锅炉的重要组成部分,是主要的受力部件,其制造质量的好坏直接影响到锅炉的使用性能和使用寿命,从制造到安装,每个环节都必须有严格的质量检查、检验验收,不合格的绝不允许使用。在锅炉钢结构制造安装中,焊接是一项重要环节,焊接质量的控制、监督检查是一个不容忽视的关键点。

一、锅炉钢结构

目前,大容量锅炉一般采用悬吊式全钢结构,锅炉的全部重量通过吊杆、过渡梁、次梁由主梁(大板梁)承担,而主梁再通过立柱把锅炉的全部重量传递到基础上。钢结构在锅炉安装中是最先进行的,也是其他部件安装和找正的依据,钢结构自下而上逐层安装完成后,方可进行汽包、受热面等承压部件的安装，大板梁及钢结构均由钢板或型钢焊接而成，钢架承载后，大板梁及钢结构焊缝将在动、静载荷下承受拉力、剪力或压力等作用，大板梁及钢结构的焊缝制造质量的好坏，不仅直接影响锅炉安全，而且对后续安装进度有很大的影响，因此对大板梁及钢结构焊缝质量的检验应特别重视。

钢结构的焊接质量监督检查，对于钢结构焊接工程可按相应的钢结构制作或安装工程检验批的划分原则，抽查一个或若干个检验批。

（一）现场抽查验证要点

钢结构的焊接质量现场抽查验证要点主要包括抽查验证焊接或拼装焊接接头外观质量，通过无损检测核查焊接接头质量。

1. 抽查验证焊接或拼装焊接接头外观质量合格情况

焊接接头表面不允许存在裂纹、未熔合、焊瘤、烧穿；三个类别焊接接头的表面气孔、咬边允许范围要求不同。对接焊接接头还需要检查焊缝余高、焊缝余高差、焊缝宽度；角焊缝还需要检查焊脚尺寸、焊脚尺寸差等。

考虑到不同质量等级的焊接接头承载要求不同，凡是严重影响焊接接头承载能力的缺陷都是严禁的，将严重影响焊接接头承载能力的外观缺陷列入主控项目，并给出了外观合格质量要求。由于一、二级焊缝的重要性，对表面气孔、夹渣、弧坑裂纹、电弧擦伤应有特定不允许存在的要求，咬边、未焊满、根部收缩等缺陷对动载影响很大，故一级焊缝不得存在该类缺陷。

焊接外观检查主要用肉眼观察，是钢结构检验中最直接、最基本的检验方法。检查焊接接头表面质量是否符合制造技术条件要求是外观检查的重点，外观检查可方便、快捷地发现肉眼可见的表面裂纹、夹渣、气孔、未熔合、咬边等不允许缺陷，而在此基础上通过检验人员对宏观缺陷的判断，确定是否需要对某些部位采用无损检测方法作进一步检测，是及时发现重大缺陷的关键，也是外观检查的要点。

外观检查中检验人员应按检查验收要求对各部件认真检查，及时发现设备缺陷，同时还应根据表面缺陷的严重程度、分布特征，初步推断焊接接头质量的优劣及该焊缝在制造阶段是否严格执行了焊接、检测工艺，以决定是否必要采用其他无损检测方法做进一步检验。

锅炉钢结构焊接的过程涉及锅炉钢架部分安装焊接、锅炉大板梁拼装焊接的检查验收，应根据焊缝所在部位的载荷性质、受力状态、工况和重要性等分为一、二、三类进行验收，不同类别的焊缝，质量检测要求的比例不同，外观质量检查验收的要求也不同，详见《电站钢结构焊接通用技术条件》DL/T 678 规范。

2. 核查焊接接头无损检测情况

焊接接头的类别不同，焊接接头无损检测的比例也不同，详见《电站钢结构焊接通用技术条件》DL/T 678 规范的要求。

焊接接头表面无损检测宜采用磁粉检测，检验部位和比例按照设计要求，执行《承压设备无损检测》NB/T 47013 标准评定。

钢结构的磁粉检测属于抽查项目，检验人员首先要考虑有针对性的抽检部位，及时发现重大设备缺陷。因此实际检验中，磁粉检测可重点在腹、翼板角焊缝端部缺陷可能较多的部位进行检测。

磁粉检测主要用于检查铁磁性材料的表面、近表面缺陷，其检测灵敏度高，可发现肉眼不可见裂纹缺陷，同时具有操作方便、检验结果直观、成本低廉等优点。

锅炉钢架中最重要的钢结构为大板梁和主立柱。受压件几乎都悬挂在大板梁及大板梁之间的次梁上，而大板梁是由数根锅炉主立柱来支撑的主钢架，框架自身形成一个稳定结构，承受锅炉的主要受热面悬吊荷载，故钢结构安全性能检验中，磁粉检测抽查重点为大板梁和主立柱焊缝。大板梁、主立柱等重要钢结构焊缝，主要由角焊缝和对接焊缝组成，其中腹、翼板角焊缝多。

要求全焊透的焊接接头，宜采用超声检测的方法检测其内部缺陷，检测比例及评定标准执行《电站钢结构焊接通用技术条件》DL/T 678 规范的要求。不要求焊透的一、二级的组合焊缝，射线检测、超声检测分别执行《钢熔化焊 T 形接头和角接接头焊缝射线照相和质量分级》DL/T 541 和《钢熔化焊 T 形接头超声波检测方法和质量评定》DL/T 542 标准。

在大板梁超声检测抽查过程中应注意以下几点：①检测方向和扫查面的选定：应根据焊缝坡口型式和厚度等因素选择检测方向和扫查面，决定是从单面双侧还是双面双侧检测；②探头频率的选择：大板梁厚度较大不宜选用高频，因为高频衰减大，往往得不到足够的穿透力；③探头晶片尺寸和 K 值的选定：应选择大尺寸和 K 值较小的探头；④检测面的修整：对不合检测要求的检测表面，必须进行适当的修整，以免不平整的检测面影响检测灵敏度和检测结果；⑤耦合剂和耦合方法的选择：为使探头发射的超声波传入试件，应使用合适的耦合剂，对于粗糙表面进行检测时，应选用黏度较大的耦合剂，同时为保持耦合稳定要用手适当压住探头，并保持力度基本一致。

（二）资料检查要点

检查验收的质量记录是焊接过程中各个控制环节能否满足质量要求、质量体系运行是否有效的客观证据；因此，质量检查验收活动记录所用的各种表格、检测试验报告等反映了焊接质量体系的运行情况和过程质量控制情况。

1. **抽查焊接工程项目验收资料**

根据钢结构焊接工程相应的钢结构制作或安装工程检验批的划分，抽查焊接工程项目的验收签证。

在钢结构工程施工焊接资料抽查中，首先核查检验批划分原则的合理性，其次检查验收项目的全面性，然后抽查有代表性的验收项目内容的准确性，核对验收项目的检测试验项目的比例、方法，应用的焊接工艺评定的覆盖性，与焊接作业文件的联系和一致性。

结合焊接检验批记录抽查焊接人员、焊工、热处理人员、检验人员的资格条件，抽查焊接材料质量证明、焊接质量管理制度适用性。

2. **焊工必须经考试合格并取得合格证书**

持证焊工必须在其考试合格项目及其认可范围内施焊。

在钢结构工程施工焊接中，焊工是特殊工种，焊工的操作技能和资格对工程质量起到保证作用，必须充分予以重视。本条所指的焊工包括手工操作焊工、机械操作焊工。从事钢结构工程焊接施工的焊工，应根据所从事钢结构焊接工程的具体类型，按国家现行行业标准、技术规程的要求，进行考试并取得相应证书。

3. **抽查焊接工艺评定、焊接作业指导书或焊接工艺卡**

采用的钢材、焊接材料、焊接方法、焊后热处理等，应具有焊接工艺评定报告，并应根据评定报告确定焊接工艺，编制焊接作业文件。

由于钢结构工程中的焊接节点和焊接接头不可能进行现场实物取样检验，而无损检测仅能确定焊缝的几何缺陷，无法确定焊接接头的理化性能。为保证工程焊接质量，必须在构件制作和结构安装施工前规范焊接工艺。施工单位应根据所承担钢结构的类型，按国家现行行业标准、技术规程中的具体规定进行相应的工艺评定，根据焊接工艺评定编制焊接作业指导书或焊接工艺卡。

4. 抽查全焊透的一、二级焊接接头的无损检测报告

要求全焊透的一、二级焊接接头应采用超声检测进行内部缺陷的检验，超声检测不能对缺陷作出判断时，应采用射线检测。

内部缺陷的检测一般可用超声检测和射线检测。射线检测具有直观性、一致性的优点，过去人们觉得射线检测可靠、客观。但是射线检测成本高、操作程序复杂、检测周期长，尤其是钢结构中大多为 T 形接头和角接头，射线检测的效果差，且射线检测对裂纹、未熔合等危害性缺陷的检出率低。超声检测则正好相反，操作程序简单、快速，对各种接头形式的适应性好，对裂纹、未熔合的检测灵敏度高，因此对钢结构内部质量的控制一般采用超声检测。

焊缝表面及近表面缺陷的无损检测，宜采用磁粉检测的方法，其检测灵敏度高，可发现肉眼不可见裂纹缺陷，同时具有操作方便，检查结果直观，成本低廉等优点。

抽查检验的委托与检验报告内容的一致性，检测报告中执行标准、验收级别、检测方法、检测工艺、评定结论等的准确性。

二、承重钢结构部件

电力工程除锅炉钢结构以外，承重钢结构主要包括电除尘器钢结构、起重设备钢结构、主厂房屋钢结构架、大型支吊架等。

承重结构部件典型的钢结构是电除尘器的主体钢结构，其全部由型钢焊接而成，结构设计采用分层形式，每片由框架式的若干根主梁组成，片与片之间由大梁连接。为了安装蒙皮和保温层需要，主梁之间加焊次梁等。

承重结构焊接接头，按其所在部位的载荷性质、受力状态、工况和重要性等，一般为二类、三类焊接接头。若在设计技术文件或产品标准中有要求时，应按其要求执行。

承重钢结构的焊接质量监督检查，可按相应的钢结构制作或安装工程检验批的划分原则，抽查一个或若干个检验批。

（一）现场抽查验证要点

1. 抽查验证焊接或拼装焊接接头外观质量合格情况

焊接时容易出现的如未焊满、咬边、电弧擦伤等缺陷对动载结构是严禁的，在二、三级焊缝中应限制在一定范围内。对接焊缝的余高、错边，部分焊透的对接与角接组合焊缝及角焊缝的焊脚尺寸、余高等外型尺寸偏差也会影响钢结构的承载能力，必须加以限制。

焊接接头感观应达到：外形均匀、成型较好，焊道与焊道、焊道与基本金属间过渡较平滑，焊渣和飞溅物基本清除干净。

为了减少应力集中，提高接头抗疲劳载荷的能力，部分角焊缝的表面焊接或加工成凹型。

这类接头必须注意焊缝与母材之间的圆滑过渡。同时，在确定焊缝计算厚度时，应考虑焊缝外形尺寸的影响。焊出凹形的角焊缝，焊缝金属与母材间应平缓过渡；加工成凹形的角焊缝，不得在其表面留下切痕。

2. 核查焊接接头无损检测情况

检测比例的计算方法应按《钢结构工程施工质量验收规范》GB 50205 规定执行：

（1）对工厂制作焊缝，应按每条焊缝计算百分比，且检测长度不小于 200mm，当焊缝长度不足 200mm 时，应对整条焊缝进行检测。

（2）对现场安装焊缝，应按同一类型、同一施焊条件的焊缝条数计算百分比，检测长度应不小于 200mm，并不少于 1 条焊缝。

要求全焊透的一、二级焊接接头应采用超声检测进行内部缺陷的检验，超声检测不能对缺陷作出判断时，应采用射线检测。

（二）资料检查要点

1. 抽查焊接工程项目验收资料

根据钢结构焊接工程相应的钢结构制作或安装工程检验批的划分，抽查焊接工程项目的验收签证。

在钢结构工程施工焊接资料抽查中，首先核查检验批划分的原则合理性，其次检查验收项目的全面性，然后抽查有代表性的验收项目内容的准确性，核对验收项目的检测试验项目的比例、方法，应用的焊接作业文件的完整性。

结合焊接检验批记录抽查焊接人员、焊工、热处理人员、检验人员的资格条件，抽查焊接材料质量证明、焊接质量管理制度适用性。

2. 焊工必须经考试合格并取得合格证书

持证焊工必须在其考试合格项目及其认可范围内施焊。

从事钢结构焊接的焊工包括手工操作焊工、机械操作焊工。应根据所从事钢结构焊接工程的具体类型，按国家现行行业标准、技术规程的要求，对施焊焊工进行考试并取得相应证书。

3. 抽查全焊透的一、二级焊接接头的无损检测报告

要求全焊透的一、二级焊接接头应采用超声检测进行内部缺陷的检验，当超声检测不能对缺陷作出判断或由于检测条件限制判定有怀疑时，应采用射线检测，射线检测的工艺条件应满足，否则经过协商可以采用磁粉检测。

抽查检验的委托与检验报告内容的一致性，检测报告中执行标准、验收级别、检测方法、检测工艺、评定结论等的准确性。

第二节　锅　炉　受　热　面

一、水冷壁

布置在炉膛内壁面上主要用水冷却的受热面，称为水冷壁。水冷壁作用是布置于炉膛，吸收炉膛火焰和烟气的热量，将水加热成饱和蒸汽。

受热面焊接接头质量的优劣，直接影响锅炉的安装质量乃至能影响到锅炉的运行效果，受热面中水冷壁是受热面中焊接接头数量最多、焊接工作量最大、焊接位置最全、焊接落差

高度最大的小径管焊接工程。电站锅炉水冷壁的焊接方法通常采用氩弧焊或氩弧焊打底电焊盖面的焊接方法，亚临界及以下等级锅炉水冷壁基本上由碳钢材料构成，碳钢材料强度低、塑性好，焊后水冷壁管屏通过塑性变形释放降低焊接应力，焊后通常不需要进行热处理；但随着锅炉机组向高参数发展，超临界、超超临界锅炉水冷壁已全部采用耐热合金钢，其主体材料为 15CrMo、12Cr1MoV、T23、7CrMoVTiB10-10（T24），焊后存在较大残余应力，通常采用焊后热处理消除合金钢管排的焊接残余应力。

对于不同参数的锅炉水冷壁其无损检测要求也不同，如：工作压力 $p \geqslant 22.13MPa$ 的锅炉的受热面管子焊接接头，规范要求 100%无损检测，射线和超声检测比例各占 50%，进行 10%的焊缝光谱抽查、5%的焊接接头硬度抽查。

现场水冷壁焊接质量检查及验收工期长，涉及的锅炉位置复杂，尤其是螺旋水冷壁的焊接位置、工艺方法、无损检测条件等均比较困难，根据水冷壁焊接工程量大小及位置，可以将水冷壁焊接划分为几个检验批或分项工程进行分批检查验收，将组合与安装分阶段检查验收是比较适宜的。

（一）现场抽查验证要点

质量监督检查阶段对于受热面的水冷壁焊接质量，现场抽查验证工作范围比较大，主要涉及焊接接头外观质量抽查、合金焊缝合金成分抽查、高合金热处理焊接接头的硬度抽查、焊接接头的无损检测比例抽查等。

1. 抽查验证焊接接头及拼缝外观质量合格情况

对水冷壁焊接接头外观检查主要用肉眼观察并借助专用检测尺和放大镜，是焊接质量验收中最直接、最基本的检验方法。检查焊缝表面质量是否符合安装技术条件要求是外观检查的重点，外观检查可方便、快捷的发现肉眼可见表面裂纹、夹渣、气孔、未熔合、咬边等不允许缺陷，而在此基础上通过检验人员的宏观缺陷判断，确定是否需要对某些部位采用无损检测方法作进一步检测，是及时发现重大缺陷的关键，也是外观检查的要点。

外观检查中，检验人员应按检查验收要求对各部件进行检查及时发现设备缺陷，同时还应根据表面缺陷的严重程度、分布特征初步推断焊缝质量的优劣及该焊缝在焊接阶段是否严格执行了焊接、检测工艺，以决定是否必要采用其他无损检测方法做进一步检验。

抽查焊接工程外观质量测量检查记录表，核实焊接接头表面质量的检验指标，主要有：焊缝成形、焊缝余高、焊缝宽窄差、咬边、错边、角变形、裂纹、弧坑、气孔、夹渣，核对外观检查结论。

对于水冷壁角部散管的焊接接头及其拼缝密封的现场抽查，是焊接和无损检测的薄弱环节，抽查验证时应覆盖或重点抽查。

2. 抽查焊接接头无损检测情况

对照焊接工程检测一览表中的水冷壁焊接接头检测情况，根据焊接接头编号现场抽查焊接接头无损检测的射线检测或超声检测的标识痕迹，核对现场无损检测比例，以及无损检测抽样分布的代表性，对合金材料的焊接接头要重点抽查，按照《电力工程质量监督检查大纲》监督检测的要求原则，现场指定不同部位的焊接接头进行射线透照复验，以便核查射线检测焊接接头与实际焊接接头相对应的一致性、底片显示焊接接头内部质量情况的真实性。

3. 抽查合金焊缝光谱分析情况

对于超临界、超超临界的水冷壁合金焊接接头，对照焊接工程检测一览表中的合金焊缝光谱抽检情况，现场应用光谱分析仪抽查水冷壁中合金钢焊接接头，目的是抽查所采用的焊接材料是否满足规范要求。

4. 抽查热处理的焊接接头硬度检验情况

必要时，对于超临界、超超临界的水冷壁合金钢焊接接头应用里氏硬度计，对热处理后的焊缝及母材进行硬度核查；母材部位硬度值的抽查必须在焊缝加热宽度范围之外，通过比照焊缝及母材的硬度值，来核查焊接热处理情况是否满足规范要求。

（二）资料检查要点

水冷壁焊接检查验收的质量记录，是水冷壁焊接过程中各个控制环节能否满足质量要求、质量体系运行是否有效客观的证据；因此，水冷壁焊接质量检查验收活动记录所用的各种表格、检测试验报告等反映了焊接质量体系的运行情况和过程质量控制情况，尤其是水冷壁的焊接工期长、焊接面积分布广、焊接工作量大，将水冷壁焊接划分为几个检验批检查验收，分期完成焊接工程外观质量测量检查记录表、焊接工程质量分批验收记录表、焊接分项工程综合质量验收评定表，是符合实际工程质量检查验收需求的。

1. 抽查焊接工程项目验收资料、焊接技术文件

根据锅炉水冷壁焊接工程相应的焊接工程检验批的划分，抽查焊接工程项目的焊接分项工程综合质量验收评定表、焊接工程质量分批验收记录表、焊接工程外观质量测量检查记录表。

在水冷壁工程施工焊接资料抽查中，首先核查检验批划分的原则合理性，其次检查验收项目的全面性，也就是水冷壁的前、后、左、右墙的上部、中部、下部验收情况，然后抽查有代表性的验收项目内容的准确性，核对验收项目的检测试验项目无损检测、光谱分析、热处理、硬度检验的比例、方法，应用的焊接工艺评定的覆盖性，与焊接作业文件的联系和一致性，应用的焊接作业文件的完整性。

尤其是带有水冷壁折烟角、螺旋水冷壁部位的焊接接头验收检查评定表，无损检测比例、方法，合格率等指标。

抽查焊接材料质量证明资料，焊接材料使用跟踪记录。

2. 抽查焊接及检验有关人员的资质情况

焊工必须经考试合格并取得合格证书。抽查持证焊工是否在其考试合格项目及其认可范围内施焊。

结合焊接检验批记录、焊接分项工程综合质量验收评定表，抽查焊接质检人员、焊工、热处理人员、无损检测人员、理化检测人员的资格条件，抽查报告签发人员的持证项目、检测方法、资格级别等情况的符合性。

在水冷壁工程施工焊接中，所指的焊工包括手工操作焊工、机械操作焊工，从事水冷壁密封焊接施工的焊工，应根据所从事水冷壁焊接工程的具体项目、焊接接头等级、持证项目位置的替代性，满足国家现行标准、技术规程的要求。

3. 抽查焊接工艺评定、焊接作业指导书或焊接工艺卡

采用的钢材、焊接材料、焊接方法、焊后热处理等，应具有焊接工艺评定报告，并应根据评定报告确定焊接工艺卡或编制焊接作业文件，核查水冷壁上、下部合金钢和碳钢的异种钢焊接工艺评定中的材质、规格、位置的覆盖性。

由于水冷壁焊接工程中的焊接接头不可能进行现场实物取样检验，而无损检测仅能

确定焊缝的几何缺陷，无法确定焊接接头的理化性能。为保证工程焊接质量，必须在水冷壁焊接安装施工前规范焊接工艺。施工单位应根据焊接水冷壁材质、规格的类型，按国家现行行业标准、技术规程中的具体规定进行相应的焊接工艺评定，焊接前依据焊接工艺评定进行焊前模拟练习，根据焊接模拟练习结果，编制焊接作业指导书或焊接工艺卡是必要的。

4. 抽查水冷壁焊接接头的无损检测报告及射线检测底片的评定情况

抽查检验的委托与检验报告内容的一致性，检测报告中执行标准、验收级别、检测方法、检测工艺、评定结论等的准确性。

抽查水冷壁焊接接头射线检测底片质量，主要包括像质计灵敏度、黑度、几何不清晰度、椭圆开口情况，对显示的焊接接头缺陷的定位、定性、定量的判定，依据标准的评定情况，并结合射线检测记录进行核查报告内容一致性、准确性。

抽查水冷壁焊接接头超声检测报告，核查报告中检测工艺参数选择的探头规格、角度值、数量、校准的试块、检测灵敏度的设置是否满足规范的要求。

核查无损检测工艺卡与报告中检测工艺参数的对应性、一致性，报告结论的准确性。

5. 抽查合金钢焊缝的光谱分析报告

结合焊接分项工程综合质量验收评定表的抽检比例，核查某一个分项工程验收比例是否满足规范要求；抽查合金焊缝光谱分析报告的分析结果与焊接材料的一致性，以及与母材的对应性，光谱分析结果合金元素及其含量应符合所用焊接材料牌号的元素及含量范围。

6. 抽查合金钢焊接接头的热处理曲线、报告

根据锅炉受热面焊接工程项目一览表、焊接项目划分表，结合焊接分项工程综合质量验收评定表，核查合金钢焊接接头需要焊后热处理数量、热处理曲线的对应性。

抽查重要部位焊接接头的热处理曲线图的升温速度、恒温温度、恒温时间，是否满足规范要求，核查每个曲线包含的焊接接头数量。

7. 抽查合金钢焊接接头的硬度检验报告

抽查合金钢焊接接头的热处理后硬度检验报告，主要抽查焊缝、母材硬度值的对应关系，硬度值上限、下限是否满足规范要求。

二、过热器、再热器

过热器是负责把锅炉中首次蒸发的蒸汽加热成高品质的过热蒸汽；过热蒸汽在汽轮机高压缸中做功后，低压低温的蒸汽（称冷再）被重新引入再热器。

再热器就是负责把这部分蒸汽重新加热成高温蒸汽，在再热器中，通常压力不能提高，而是把温度提高到和过热蒸汽同样或略低的温度。加热后的再热蒸汽（称热再）再进入汽轮机中、低压缸继续做功，最后进入凝汽器凝结成水。

从以上过程可知，再热器和过热器都是用来加热蒸汽的，只是其中蒸汽的参数不一样。过热器中的蒸汽属于高温高压蒸汽，材料要求比再热器高，而再热器中的蒸汽属于高温低压蒸汽，材料要求比过热器低。

例如，东方电气集团东方锅炉股份有限公司的 1000MW 锅炉过热、再热系统布置图如图2-1 所示。

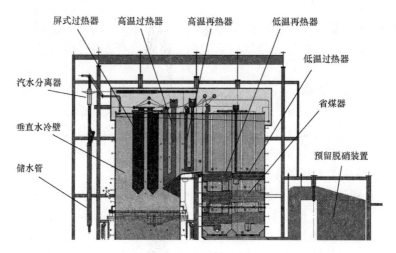

屏式过热器　高温过热器　高温再热器　低温再热器

低温过热器

汽水分离器

省煤器

垂直水冷壁

预留脱硝装置

储水管

图 2-1　1000MW 锅炉过热、再热系统布置图

过热器和再热器均由管子和集箱组成。蒸汽和烟气分别在管内、外流过。按传热方式的不同可分为对流式和辐射式。对流式过热器或再热器布置在对流烟道内；辐射式过热器或再热器布置在炉膛内。

过热器和再热器的工作特点：

（1）过热器和再热器是锅炉内工质温度最高的部件。

（2）蒸汽（特别是再热蒸汽）冷却管子的能力较差。

（3）合理选择材料是先进超临界、超超临界机组的关键技术之一，高合金耐热钢小径管焊接质量是机组安全运行的关键。

过热器、再热器焊接是受热面中焊接材质最复杂、规格最多、焊接位置困难、焊接操作空间最小的小径管焊接工程。

过热器一般由蛇形管及联箱组成，垂直布置在锅炉炉膛出口和过渡烟道内，一般过热器管焊接时大多为垂直固定焊接接头，过热器有辐射式、半辐射式和对流式三种形式，过热器管规格一般为 $\phi 28\sim 76mm$，材质一般有 12Cr1MoV、TP347、T91 等钢种，由于过热器处在锅炉的高温区域，制造锅炉过热器管的钢材较特殊，一旦过热或出现焊接质量问题，极容易发生过热器爆管事故。由于过热器管排比较密集，所以，给焊接工作造成很大困难。

电站锅炉过热器、再热器的焊接方法通常采用氩弧焊（$T\leqslant 6mm$）或氩弧焊打底电焊盖面（$T>6mm$）的焊接方法，焊后通常需要进行热处理；但随着锅炉机组向高参数发展，超临界、超超临界锅炉过热器、再热器已全部采用耐热合金钢，其主体材料为 12Cr1MoV、T23、7CrMoVTiB10-10（T24）、TP347、T91、T92、TP310HCbN、Super304H 等，焊后存在较大残余应力，对非奥氏体不锈钢通常采用焊后热处理消除合金钢管排的焊接残余应力。

对于不同参数的锅炉过热器、再热器其无损检测要求也不同，如：工作压力 $p\geqslant 22.13MPa$ 的锅炉的受热面管子焊接接头，规范要求 100%无损检测，射线和超声检测比例各占 50%，进行 10%的焊缝光谱抽查、5%的焊接接头硬度抽查。

现场过热器、再热器焊接质量检查及验收工期长、涉及的锅炉位置复杂，由于过热器、再热器管排比较密集，尤其是联箱部位的焊接位置、工艺方法、无损检测条件等均比较困难，根据过热器、再热器焊接工程量大小及位置，可以将过热器、再热器焊接划分为几个检验批或分项工程进行分批检查验收，将组合与安装分阶段检查验收是比较适宜的。

（一）现场抽查验证要点

质量监督检查对于受热面的过热器、再热器焊接质量，现场抽查验证工作范围比较大，主要涉及焊接接头外观质量抽查、合金焊缝合金成分抽查、高合金焊接接头热处理后的硬度抽查、焊接接头的无损检测比例抽查等。

1. 抽查验证焊接接头及拼缝外观质量合格情况

对过热器、再热器焊接接头外观检查主要用肉眼观察并借助专用检测检测尺和放大镜，是焊接质量验收中最直接、最基本的检验方法。检查焊缝表面质量是否符合安装技术条件要求是外观检查的重点，外观检查可方便、快捷的发现肉眼可见的过热器、再热器焊缝表面裂纹、夹渣、气孔、未熔合、咬边等不允许缺陷。在此基础上通过检验人员的宏观缺陷判断，确定是否需要对某些部位采用无损检测方法作进一步检测，是及时发现重大缺陷的关键，也是外观检查的要点。

外观检查中检验人员应按检查验收要求对各部件认真检查及时发现过热器、再热器的焊接外观缺陷，同时还应根据表面缺陷的严重程度、分布特征初步推断焊缝质量的优劣及该焊缝在焊接阶段是否严格执行了焊接、检测工艺，以决定是否必要采用其他无损检测方法做进一步检验。

抽查焊接工程外观质量测量检查记录表，核实焊接接头表面质量的检验指标，主要有：焊缝成形、焊缝余高、焊缝宽窄差、咬边、错边、角变形、裂纹、弧坑、气孔、夹渣，核对外观检查结论。对于过热器、再热器的联箱第一排焊接接头，由于焊接位置狭小、焊接接头位置多样是焊接和无损检测的薄弱环节，抽查验证时应覆盖或重点抽查。

2. 抽查焊接接头无损检测情况

对照焊接工程检测一览表中的过热器、再热器焊接接头检测情况，根据焊接接头编号现场抽查焊接接头无损检测的射线检测或超声检测的标识痕迹，核对现场无损检测比例，以及无损检测抽样分布的代表性，对合金材料的过热器、再热器焊接接头要重点抽查，按照《电力工程质量监督检查大纲》监督检测的要求原则，现场指定不同部位的焊接接头进行射线透照复验，以便核查射线检测焊接接头的与实际焊接接头相对应的一致性、底片显示焊接接头内部质量情况的真实性。

对于细晶马氏体钢的 T91、T92 焊接接头的外观检测应该是重点，检查应备有专用照明工具，因其焊缝的狭小部位是焊接的位置、操作难度较困难的部位，焊接质量控制要求不容易达到。

3. 抽查合金钢焊缝光谱分析情况

对于超临界、超超临界机组，过热器、再热器一般由蛇形管及进、出口联箱组成，蛇形管均采用不同管径、不同壁厚的异种钢焊接管，以适应不同热负荷区域的需要。对照焊接工程检验一览表中的合金钢焊缝光谱抽检情况，重点抽查 Super304H、TP310HCbN（HR3C）、T91、T92 等。现场应用光谱分析仪抽查过热器、再热器中合金钢焊缝，目的是抽查所采用的焊接材料是否满足规范要求。

4. 抽查热处理的焊接接头硬度检验情况。

对于超临界、超超临界的过热器、再热器合金钢焊接接头，应用里氏硬度计对热处理后的焊缝及母材进行硬度抽查；重点抽查 T91、T92 现场焊接接头的硬度值范围，母材部位硬度值的抽查必须在焊缝加热宽度范围之外，通过比照焊缝及母材的硬度值，来核查焊接热处理情况是否满足规范要求。

（二）资料检查要点

过热器、再热器焊接检查验收的质量记录，是过热器、再热器焊接过程中各个控制环节能否满足质量要求、质量体系运行是否有效客观的证据；因此，过热器、再热器焊接质量检查验收活动记录所用的各种表格、检测试验报告等直接反映了焊接质量体系的运行情况和过程质量控制情况。尤其是过热器、再热器的焊接工期长，焊接面积分布广，焊接工作量大，焊接位置复杂，管排之间焊接操作空间狭小，如果不及时完成焊后热处理、外观检查、无损检测和必须的光谱复查，完工后将无法进行检查和检验工作。将过热器、再热器焊接划分为几个分项工程检查验收，分期完成焊接工程外观质量测量检查记录表、焊接工程质量分批验收记录表、焊接分项工程综合质量验收评定表，是符合实际工程质量检查验收需求的。

1. 抽查焊接工程项目验收资料、焊接技术文件

根据锅炉过热器、再热器焊接工程相应的焊接工程检验批的划分，抽查焊接工程项目的焊接分项工程综合质量验收评定表、焊接工程质量分批验收记录表、焊接工程外观质量测量检查记录表。

在过热器、再热器工程施工焊接资料抽查中，首先核查检验批划分的原则合理性，其次检查验收项目的全面性。核查再热器中的分隔屏、后屏、低温、墙式辐射再热器等的验收情况，重点抽查有代表性的验收项目内容的准确性，核对检测试验项目（无损检测、光谱分析、热处理、硬度检验）的比例、方法；核查焊接工艺评定的覆盖性，与焊接作业文件的联系和一致性，应用的焊接作业文件的完整性。

抽查焊接材料质量证明资料，焊接材料使用跟踪记录。

2. 抽查焊接及检验有关人员的资质情况

焊工必须经考试合格并取得合格证书。持证焊工必须在其考试合格项目及其认可范围内施焊。

结合焊接检验批记录、焊接分项工程综合质量验收评定表，抽查焊接质检人员、焊工、热处理人员、无损检测、理化检测人员的资格条件，抽查报告签发人员的持证项目、检测方法、资格级别等情况的符合性。

在过热器、再热器工程施工焊接中，合金材质多、异种钢多、管材规格多，焊工的操作技能对焊接质量起到保证作用，必须严格管理焊工持证项目与施焊项目对应，严禁跨类级、超范围、缺位置安排焊工施工。手工操作焊工、密封焊施工的焊工，根据所从事过热器、再热器焊接工程的具体项目、焊接接头等级、持证项目位置的替代性，均应满足国家现行标准、技术规程的要求。

3. 抽查焊接工艺评定、焊接作业指导书或焊接工艺卡

采用的钢材、焊接材料、焊接方法、焊后热处理工艺等，应具有焊接工艺评定报告，并应根据评定报告确定焊接工艺卡或编制焊接作业文件，核查过热器、再热器的异种钢焊接工

艺评定中的材质、规格、位置的覆盖性。

由于过热器、再热器焊接工程中的焊接接头不可能进行现场实物取样检验，而无损检测仅能确定焊缝的几何缺陷，无法确定焊接接头的理化性能。为保证工程焊接质量，必须在过热器、再热器焊接安装施工前规范焊接工艺。施工单位应根据焊接过热器、再热器母材、焊接材质、热处理工艺、管子规格、施焊位置、同异种钢连接等内容，按国家现行行业标准、技术规程中的具体规定，进行相应的焊接工艺评定，焊接前依据焊接工艺评定进行焊前模拟练习，根据焊接模拟练习结果，编制焊接作业指导书或焊接工艺卡是必要的。

4. 抽查过热器、再热器焊接接头的无损检测报告及射线检测底片的评定情况

抽查检验的委托与检验报告内容的一致性，检测报告中执行标准、验收级别、检测方法、检测工艺、评定结论等的准确性。

抽查过热器、再热器焊接接头的射线检测底片质量，主要包括像质计灵敏度、黑度、几何不清晰度、椭圆开口情况，对显示的焊接接头缺陷的定位、定性、定量的判定、评定情况，并结合射线检测记录进行核查报告内容一致性、准确性。

抽查过热器、再热器焊接接头超声检测报告，核查报告中检测工艺参数选择的探头规格、角度值、数量、校准的试块、检测灵敏度的设置是否满足规范的要求。

核查无损检测工艺卡与报告中检测工艺参数的对应性、一致性，报告结论的准确性。

5. 抽查过热器、再热器合金钢焊缝的光谱分析报告

结合焊接分项工程综合质量验收评定表的抽检比例，分别核查过热器、再热器某一个分项工程验收比例是否满足规范要求；抽查过热器、再热器合金钢焊缝光谱分析报告的分析结果与焊接材料的一致性，以及与母材的对应性，重点是T91、T92、Super304H、TP310HCbN焊接材料的光谱分析结果合金元素及其含量应符合所用焊接材料牌号的元素及含量范围。

6. 抽查过热器、再热器合金钢焊接接头的热处理曲线、报告

根据焊接工程一览表、结合焊后热处理质量评价表，核查过热器、再热器合金钢焊接接头，特别是T91、T92的焊后热处理数量，热处理曲线的对应性、正确性。

抽查联箱、U形部位焊接接头的热处理曲线图的升温速度、恒温温度、恒温时间，是否满足规范要求，核查每个曲线包含的焊接接头数量。

7. 抽查合金钢焊接接头的硬度检验报告

抽查过热器、再热器合金钢焊接接头的热处理后硬度检测报告，主要抽查T91、T92焊缝、母材硬度值的对应关系，硬度值上限、下限是否满足规范要求。

三、省煤器

省煤器就是锅炉尾部烟道中将锅炉给水加热成汽包压力下饱和水的受热面部件，由于它吸收的是烟气热量，降低了烟气的排烟温度，节省了能源，提高了效率，所以称之为省煤器。钢管式省煤器不受压力限制，可以用作沸腾式，一般由外径为$\phi32 \sim \phi51$mm的碳素钢管制成。有时在管外加鳍片和肋片，以改善传热效果。钢管式省煤器由水平布置的并联弯头管子（俗称蛇形管）组成。

按结构形式分类为光管式、鳍片式、膜片管式、肋片管式。1025t/h亚临界控制循环锅炉的省煤器，如图2-2所示。

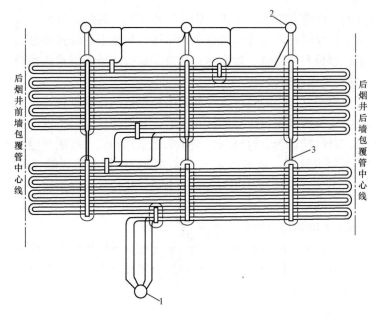

图 2-2 1025t/h 亚临界控制循环锅炉的省煤器

1—进口集箱；2—中间集箱；3—悬吊管

电站锅炉省煤器的焊接方法通常采用氩弧焊焊接方法，锅炉省煤器基本上由碳钢材料构成，碳钢材料强度低、塑性好，焊后省煤器管屏通过塑性变形释放降低焊接应力，焊后通常不需要进行热处理；但随着锅炉机组向高参数发展，锅炉省煤器吊挂管已采用耐热合金钢，其主体材料为 15CrMoG、12Cr1MoVG，焊后存在较大残余应力，通常采用焊后热处理消除合金钢管排的焊接残余应力。

现场省煤器焊接质量检查涉及锅炉的后竖井位置，尤其是省煤器蛇形管，焊接位置、工艺方法、无损检测条件等均比较困难，根据省煤器焊接工程量大小及位置，可以将省煤器焊接划分为几个检验批进行分批检查验收，将组合与安装分阶段检查验收是比较适宜的。省煤器焊接接头的检查验收必须在防磨套安装之前，因安装后部分焊接接头可能形成隐蔽。

（一）现场抽查验证要点

质量监督检查阶段对于受热面的省煤器焊接质量，现场抽查验证工作范围比较大，主要涉及焊缝外观质量抽查、吊挂管合金焊缝合金成分抽查、焊接接头的无损检测比例抽查等。

1. 抽查验证焊接接头外观质量合格情况

对省煤器焊接接头外观检查主要用肉眼观察并借助专用检测检测尺和放大镜，是焊接质量验收中最直接、最基本的检验方法。检查省煤器焊缝表面质量是否符合安装技术条件要求是外观检查的重点，外观检查可方便、快捷的发现肉眼可见的表面裂纹、夹渣、气孔、未熔合、咬边等不允许缺陷。在此基础上通过检验人员的宏观缺陷判断，确定是否需要对某些部位采用无损检测方法作进一步检测，是及时发现重大缺陷的关键，也是外观检查的要点。

外观检查中检验人员应按检查验收要求对省煤器各部件进行检查及时发现设备缺陷，同时还应根据表面缺陷的严重程度、分布特征初步推断焊缝质量的优劣及该焊缝在焊接阶段是否严格执行了焊接、检测工艺，以决定是否必要采用其他无损检测方法做进一步检验。

抽查焊接工程外观质量测量检查记录表，核实焊接接头表面质量的检验指标，主要有：

焊缝成形、焊缝余高、焊缝宽窄差、咬边、错边、角变形、裂纹、弧坑、气孔、夹渣，核对外观检查结论。对于省煤器蛇形管排焊接接头的错边、角变形现场抽查是重点，由于焊接管排时对口空间限制，容易产生错边、角变形，抽查验证时应覆盖或重点抽查。

2. 抽查焊接接头无损检测情况

对照焊接工程检测一览表中的省煤器焊接接头检测情况，根据焊接接头编号现场抽查焊接接头无损检测的射线检测或超声检测的标识痕迹，核对现场无损检测比例，以及无损检测抽样分布的代表性，对吊挂管合金材料的焊接接头要重点抽查，按照《电力工程质量监督检查大纲》监督检测的要求原则，现场指定不同部位的焊接接头进行射线透照复验，以便核查射线检测焊接接头与实际焊接接头相对应的一致性、底片显示焊接接头内部质量情况的真实性。

3. 抽查吊挂管合金钢焊缝光谱分析情况

对于超临界、超超临界的省煤器吊挂管合金钢焊缝，对照锅炉焊接项目检测一览表中的合金钢焊缝光谱抽检情况，现场应用光谱分析仪抽查吊挂管中合金钢焊缝，目的是抽查所采用的焊接材料是否满足规范要求。

（二）资料检查要点

省煤器焊接检查验收的质量记录，是省煤器焊接过程中各个控制环节能否满足质量要求、质量体系运行是否有效客观证据；因此，省煤器焊接质量检查验收活动记录所用的各种表格、检测试验报告等直接反映了焊接质量体系的运行情况和过程质量控制情况，尤其是省煤器的焊接工期长、焊接工作量大、蛇形管排之间缝隙狭小，检查验收必须划分为检验批及时验收，否则由于空间限制无法实施。将省煤器焊接划分为几个检验批检查验收，分期完成焊接工程外观质量测量检查记录表、焊接工程质量分批验收记录表、焊接分项工程综合质量验收评定表，是符合实际工程质量检查验收需求的。

1. 抽查焊接工程项目验收资料、焊接技术文件

根据锅炉省煤器焊接工程相应的焊接工程检验批的划分，抽查焊接工程项目的焊接分项工程综合质量验收评定表、焊接工程质量分批验收记录表、焊接工程外观质量测量检查记录表。

在省煤器工程施工焊接资料抽查中，首先核查检验批划分的原则合理性，其次检查验收项目的全面性，也就是省煤器的上部、中部、下部验收情况，然后抽查有代表性的验收项目内容的准确性，核对验收项目的检测试验项目无损检测、吊挂管光谱分析检测的比例，应用的焊接工艺评定的覆盖性，与焊接作业文件的联系和一致性，应用的焊接作业文件的完整性。

抽查焊接材料质量证明资料，焊接材料使用跟踪记录。

2. 抽查焊接及检验有关人员的资质情况

焊工必须经考试合格并取得合格证书。持证焊工必须在其考试合格项目及其认可范围内施焊。

结合焊接检验批记录、焊接分项工程综合质量验收评定表，抽查焊接质检人员、焊工、无损检测、理化检测人员的资格条件，抽查报告签发人员的持证项目、检测方法、资格级别等情况的符合性。

从事省煤器焊接施工的焊工，应根据焊接工程的具体项目、焊接接头等级、持证项目位置的替代性，满足国家现行标准、技术规程的要求。

3. 抽查焊接工艺评定、焊接作业指导书或焊接工艺卡

采用的钢材、焊接材料、焊接方法、焊后热处理工艺等，应具有焊接工艺评定报告，并应根据评定报告确定焊接工艺卡或编制焊接作业文件。核查省煤器吊挂管上、下部合金钢和碳钢的异种钢焊接工艺评定中的材质、规格、位置的覆盖性。

由于省煤器焊接工程中的焊接接头不可能进行现场实物取样检验，而无损检测仅能确定焊缝的几何缺陷，无法确定焊接接头的理化性能。为保证工程焊接质量，必须在省煤器焊接安装施工前规范焊接工艺。施工单位应根据焊接省煤器材质、规格的类型，按国家现行行业标准、技术规程中的具体规定进行相应的焊接工艺评定，焊接前依据焊接工艺评定进行焊前模拟练习，根据焊接模拟练习结果，编制焊接作业指导书或焊接工艺卡是必要的。

4. 抽查省煤器焊接接头的无损检测报告及射线检测底片的评定情况

抽查检验的委托与检验报告内容的一致性，检测报告中执行标准、验收级别、检测方法、检测工艺、评定结论等的准确性。

抽查省煤器焊接接头射线检测的底片质量，主要包括像质计灵敏度、黑度、几何不清晰度、椭圆开口情况，对显示的焊接接头缺陷的定位、定性、定量的判定，依据标准的评定情况，并结合射线检测记录进行核查报告内容一致性、准确性。

抽查省煤器焊接接头超声检测报告，核查报告中检测工艺参数选择的探头规格、角度值、数量、校准的试块、检测灵敏度的设置是否满足规范的要求。

核查无损检测工艺卡与报告中检测工艺参数的对应性、一致性，报告结论的准确性。

5. 抽查吊挂管合金钢焊缝的光谱分析报告

结合焊接分项工程综合质量验收评定表的抽检比例，核查吊挂管分项工程验收比例是否满足规范要求；抽查吊挂管合金钢焊缝光谱分析报告的分析结果与焊接材料的一致性，以及与母材的对应性。

四、附属管道

锅炉附属管道包括排污、取样、加热、疏放水、排汽、减温水、启动系统、吹灰，以及和水位计、安全阀连接的管道。按照《电力建设施工质量验收及评价规程 第2部分：锅炉机组》DL/T 5210.2，将锅炉附属管道划分为若干个分项工程。依据《电力建设施工质量验收及评定规程 第7部分：焊接》DL/T 5210.7中的要求，凡规定焊接为"主控"性质的，应单独作为分项工程组织质量验评。

锅炉附属管道主要特点是管道布置交叉、紧凑，管道组成件和支承件的材质、品种、规格复杂。附属管道组对、焊接质量的好坏直接影响管道介质的流速流向、管道磨损情况和安全运行。因此对附属管道的焊接质量有着极为严格的要求，除要求焊接接头为完全熔透焊缝外，对附属管道的耐蚀性以及焊缝表面的质量也有着具体的焊接标准，焊缝的表面应平缓、均匀、不得有明显的凸凹焊道。焊接过程的质量控制对保证附属管道工程的安装起着重要的作用。为此，控制附属管道工程中的焊接质量是管道安装质量控制的关键。

（一）现场抽查验证要点

质量监督检查对于附属管道焊接质量现场抽查验证工作范围比较大，因为附属管道系统复杂，管线繁多，材质有 20G、15CrMo、12Cr1MoV、06Cr18Ni9 等。主要抽查验证要点是

焊缝外观质量、合金钢焊缝合金成分、合金钢焊缝热处理后的硬度检验抽查、焊接接头的无损检测比例抽查等。

1. 抽查验证焊接接头外观质量合格情况

对附属管道焊接接头外观检查的方式，主要是用肉眼观察并借助专用检测尺和放大镜，是焊接质量验收中最直接、最基本的检验方法。检查焊缝表面质量是否符合安装技术条件要求是外观检查的重点，外观检查可方便、快捷地发现肉眼可见表面裂纹、夹渣、气孔、未熔合、咬边等不允许或超标缺陷。

外观检查时检验人员应按检查验收要求对各部件进行检查及时发现设备缺陷，同时还应根据表面缺陷的严重程度、分布特征初步推断焊缝质量的优劣及该焊缝在焊接阶段是否严格执行了焊接、检测工艺，以决定是否应采用其他无损检测方法做进一步检验。

现场抽查项目有：重点抽查与锅炉安全阀连接的焊接接头、点火排气管道、过热器、再热器减温水管道以及过热器、再热器、省煤器疏水一次门内管道的焊接接头表面观感质量。

抽查焊接工程外观质量测量检查记录表，核实焊接接头表面质量的检验指标，主要有：焊缝成形、焊缝余高、焊缝宽窄差、咬边、错边、角变形、裂纹、弧坑、气孔、夹渣，核对外观检查结论。

2. 抽查焊接接头无损检测情况

对照焊接工程检测一览表中的附属管道焊接接头检测情况，根据焊接接头编号现场抽查焊接接头无损检测的标识痕迹，核对现场无损检测比例，以及无损检测抽样分布的代表性，对合金钢材料的焊接接头要重点抽查，抽查射线检测底片评定质量。

3. 抽查合金钢焊缝光谱分析情况

对照焊接工程检测一览表中的附属管道合金钢焊缝光谱抽检情况，现场应用光谱分析仪抽查附属管道中合金钢焊接接头，核实所采用的焊接材料是否满足规范要求。

4. 抽查热处理焊接接头硬度的检测情况

对于附属管道中合金钢焊接接头，应使用里氏硬度计，对热处理后的焊缝及母材进行硬度抽查，母材部位硬度值的抽查必须在焊缝加热宽度范围之外，通过比照焊缝及母材的硬度值，来核查焊接热处理情况是否满足规范要求。重点抽查高合金钢现场焊接接头的硬度值。

（二）资料检查要点

附属管道焊接检查验收的质量记录，是焊接过程中各个控制环节能否满足质量要求、质量体系运行是否有效的客观证据，尤其是附属管道的焊接工期长、焊接面积分布广、焊接工作量大、焊接位置复杂，所以焊接接头的外观检查、合金钢管道焊后热处理、无损检测应及时完成。根据管道系统将附属管道焊接划分为若干个分项工程检查验收，分期完成焊接工程外观质量测量检查记录表、焊接工程质量分批验收记录表、焊接分项工程综合质量验收评定表是资料检查的重点。

1. 抽查焊接工程项目验收资料、焊接技术文件

重点抽查锅炉安全阀、点火排气管道、过热器、再热器、省煤器一次门内的疏水、过热器、再热器减温水的焊接接头表面观感检查记录、外观检测、分批验收、综合质量记录表、热处理曲线、检测报告等。

抽查焊接工程检验批的划分，抽查焊接工程项目的焊接分项工程综合质量验收评定表、

焊接工程质量分批验收记录表、焊接工程外观质量测量检查记录表。

在工程施工焊接资料抽查中，首先应核查检验批划分的合理性，其次检查验收项目的全面性。

抽查无损检测比例、方法、焊接接头合格率等指标。

抽查焊接材料质量证明资料、焊接材料跟踪记录等。

2. 抽查焊接及检验有关人员的资格情况

焊工必须经考试合格并取得合格证书，持证焊工必须在其考试合格项目及其认可范围内施焊。

结合焊接检验批记录、焊接分项工程综合质量验收评定表，抽查焊接质检人员、焊工、热处理人员、无损检测、理化检测人员的资格条件，抽查报告签发人员的持证项目、检测方法、资格级别等情况的符合性。

3. 抽查焊接工艺评定、焊接及热处理作业指导书和焊接、热处理工艺卡

抽查焊接接头返修记录、标有焊接接头、检测记录的管道单线立体图。抽查合金钢焊接接头的热处理曲线、报告等。

4. 抽查附属管道焊接接头的无损检测报告及射线检测底片的评定情况

抽查检验的委托与检验报告内容的一致性，检测报告中执行标准、验收级别、检测方法、检测工艺、评定结论等的准确性。

抽查附属管道焊接接头射线检测底片质量，主要包括像质计灵敏度、黑度、几何不清晰度、椭圆开口情况，对显示的焊接接头缺陷的定位、定性、定量的判定，依据标准的评定情况，并结合射线检测记录核查报告内容一致性、准确性。

抽查附属管道焊接接头超声检测报告，核查报告中检测工艺参数选择的探头规格、角度值、数量、校准的试块、检测灵敏度的设置是否满足规范的要求。

核查无损检测工艺卡与报告中检测工艺参数的对应性、一致性，报告结论的准确性。

5. 抽查附属管道合金钢焊缝的光谱分析报告

结合焊接分项工程综合质量验收评定表的抽检比例，分别对附属管道核查某一个分项工程验收比例是否满足规范要求；抽查附属管道合金钢焊缝光谱分析报告的分析结果与焊接材料的一致性，光谱分析结果与母材的符合性，重点是高合金钢的光谱分析结果、合金元素及其含量应符合所用焊接材料牌号的元素及含量范围。

6. 抽查合金钢焊接接头的硬度检验报告

抽查附属管道中合金钢焊接接头的热处理后硬度检验报告，主要抽查高合金钢焊缝、母材硬度值的对应关系，硬度值上限、下限是否满足规范要求。

第三节 压 力 容 器

压力容器是指盛装气体或者液体，承载一定压力的密闭设备。按承受压力的等级分为低压容器、中压容器、高压容器和超高压容器。按照《固定式压力容器安全技术监察规程》TSG R0004 中固定式压力容器是指安装在固定位置，或者仅在使用单位内部区域使用的压力容器，锅炉本体的汽包、联箱按照压力容器的要求进行监督检查。

一、汽包、联箱

汽包的概念是指气压通过水循环导致气压下降或上升，也可以理解为汽包是气体和水分融合后形成的气压变化，极限压力中的空气与水分子会提高气体的压力上升，导致高压达到一定数值后产生的压力集分子。汽包罐是能够承受汽包产生的空气压力和水位压力的一种工业设备（亦称锅筒），是自然循环锅炉中最重要的受压元件，主要用于电力生产中压、高压、亚临界锅炉中。

联箱是汇集或分散水、汽的装置（又称集箱）。

汽包位于锅炉顶部，是一个圆筒形的承压容器，其下部是水，上部是汽，它接受省煤器的来水，同时又与下降管、联箱、水冷壁共同组成水循环回路（如图 2-3 所示）。

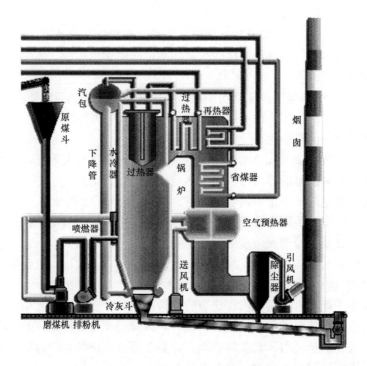

图 2-3　锅炉水循环回路示意图

对于汽包、联箱的监督检查主要是检查与其连接焊接接头质量，焊接或连接合金部件材质的抽查。

（一）现场抽查验证要点

1. 抽查验证连接焊接接头及合金钢部件外观质量合格情况

汽包、联箱的检查包括接管座、合金钢部件材质、管座焊缝、外观、材质等项目或内容的抽查。

质量监督检查阶段主要涉及汽包、联箱的焊接接头外观质量抽查、合金钢焊缝合金成分抽查、高合金热处理焊接接头的硬度抽查、焊接接头的无损检测情况抽查等。

对汽包、联箱的连接焊接接头外观检查主要用肉眼观察并借助专用检测尺和放大镜，是焊接质量验收中最直接、最基本的检验方法。检查焊缝表面质量是否符合要求，在此基础上通过检验人员的宏观缺陷判断，确定是否需要对某些部位采用无损检测方法作进一步检测，是及时发现重大缺陷的关键，也是外观检查的要点。

外观检查中检验人员应按检查验收要求，对各部件进行检查及时发现汽包、联箱设备及管道焊接缺陷，同时还应根据表面缺陷的严重程度、分布特征初步推断焊缝质量的优劣及该焊缝在焊接阶段是否严格执行了焊接、检测工艺，以决定是否必要采用其他无损检测方法做进一步检验。

针对联箱，抽查焊接工程外观质量测量检查记录表，核实焊接接头表面质量的检验指标，主要有：焊缝成形、焊缝余高、焊缝宽窄差、咬边、错边、角变形、裂纹、弧坑、气孔、夹渣，核对外观检查结论。

对于联箱的管座焊缝、连接管焊接接头及其连接的合金钢零部件的现场抽查，是验证焊接质量和无损检测的重要环节，抽查验证时应覆盖或重点抽查。

2. 抽查联箱焊接接头无损检测情况

对照焊接工程检测一览表中的联箱焊接接头检测情况，根据焊接接头编号现场抽查焊接接头无损检测的射线检测或超声检测的标识痕迹，核对现场无损检测比例，以及无损检测抽样分布的代表性，对合金钢材料的焊接接头要重点抽查，按照《电力工程质量监督检查大纲》监督检测的要求原则，现场指定不同部位的联箱连接管焊接接头进行超声检测复验，以便核查超声检测焊接接头与实际焊接接头相对应的一致性、焊接接头现场超声判定显示焊接接头内部质量情况的真实性。

3. 抽查合金钢焊缝光谱分析情况

对于联箱的合金钢焊缝，对照焊接工程检测一览表中的合金钢焊缝光谱抽检情况，必要时现场应用光谱分析仪抽查联箱中合金钢焊缝，保证在焊缝上每间隔一定长度范围抽查一处，目的是抽查所采用的焊缝表面焊接材料是否满足要求。

4. 抽查热处理的焊接接头硬度检验情况

必要时，对于超临界、超超临界的联箱合金钢焊接接头应用里氏硬度计，对热处理后的焊缝及母材进行硬度抽查；目的是检查焊接热处理情况是否满足规范要求。

重点是集汽联箱、过热器、再热器联箱的出入口连接焊接接头的热处理情况，抽查大径管焊缝应在焊缝的截面上每间隔一定距离进行检验，观察硬度值的变化规律，判定是否有硬度值不均匀现象。

（二）资料检查要点

联箱焊接检查验收的质量记录，是联箱焊接过程中各个控制环节能否满足质量要求、质量体系运行是否有效客观证据；因此，联箱焊接质量检查验收活动记录所用的各种表格、检测试验报告等反映了焊接质量体系的运行情况和过程质量控制情况，将联箱划分在相应系统为检验批检查验收，分期完成焊接工程外观质量测量检查记录表、焊接工程质量分批验收、焊接分项工程综合质量验收评定，是符合实际工程质量检查验收需求的。

对于汽包核查锅炉压力容器安全性能检验报告中的有关内容。

1. 抽查焊接工程项目验收资料、焊接技术文件

根据联箱的焊接工程，划分到对应系统检验批中，抽查焊接工程项目的焊接分项工程综合质量验收评定表、焊接工程质量分批验收记录表、焊接工程外观质量测量检查记录表。

在联箱工程施工焊接资料抽查中，首先核查检验批划分的原则合理性，其次检查验收项目的全面性，也就是联箱的各连接系统的验收情况，然后抽查有代表性的过热系统、再热系统、水冷系统、省煤系统验收与联箱、项目内容的准确性，核对验收项目的检测试验项目无损检测、光谱分析、热处理、硬度检验的比例、方法，应用的焊接工艺评定的覆盖性，与焊接作业文件的联系和一致性，应用的焊接作业文件的完整性。

重点抽查是超临界、超超临界机组的过热系统、再热系统的联箱部位的焊接分项工程综合质量验收评定表，无损检测比例、方法等。

抽查焊接材料质量证明资料，焊接材料使用跟踪记录。

2. 抽查焊接及检验有关人员的资质情况

焊工必须经考试合格并取得合格证书。持证焊工必须在其考试合格项目及其认可范围内施焊。

结合焊接检验批记录、焊接分项工程综合质量验收评定表，抽查焊接质检人员、焊工、热处理人员、无损检测、理化检测人员的资格条件，抽查报告签发人员的资格及持证项目、检测方法等情况的符合性。

从事联箱焊接施工的焊工，应根据所从事焊接工程的具体项目类级、焊接接头等级、持证项目位置的替代性，满足国家现行标准、技术规程的要求。

3. 抽查焊接工艺评定、焊接作业指导书或焊接工艺卡

采用的合金材质、焊接材料、焊接方法、焊后热处理工艺等，应具备对应的焊接工艺评定报告，并应根据评定报告确定焊接工艺卡或编制焊接作业文件，特别是大径管高合金钢中的 P91、P92 钢焊接的工艺评定中的材质、规格、位置的覆盖性。

由于联箱焊接工程中的焊接接头不可能进行现场实物取样检验，而无损检测仅能确定焊缝的几何缺陷，无法确定焊接接头的理化性能。为保证工程焊接质量，必须在焊接安装施工前规范焊接工艺。施工单位应根据焊接联箱的材质的类级、规格，按国家现行行业标准、技术规程中的具体规定进行相应的焊接工艺评定，焊接前依据焊接工艺评定进行焊前模拟练习，根据焊接模拟练习结果，编制焊接作业指导书或焊接工艺卡是必要的。

4. 抽查联箱焊接接头的无损检测报告及射线检测底片的评定情况

抽查检验的委托与检验报告内容的一致性，检测报告中执行标准、验收级别、检测方法、检测工艺、评定结论等的准确性。

抽查联箱焊接接头的射线检测底片质量，主要包括像质计灵敏度、黑度、几何不清晰度、椭圆开口情况，对显示的焊接接头缺陷的定位、定性、定量的判定，依据标准的评定情况，并结合射线检测记录进行核查报告内容的一致性、准确性。判定根部缺陷时，底片上是否采用了对比试块。

抽查联箱焊接接头的超声检测报告，检测工艺参数选择的探头规格、角度值、数量、校准的试块，检测灵敏度是否满足规范要求。对于大径管判定根部缺陷时，是否采用了未焊透对比试块 SD-Ⅲ型。

抽查无损检测工艺卡与报告中检测工艺参数的对应性、一致性，报告结论的准确性。

5. 抽查合金钢焊缝的光谱分析报告

结合焊接分项工程综合质量验收评定表的抽检比例，核查某一个分项规程验收比例

是否满足规范要求；抽查合金钢焊缝光谱分析报告的分析结果与焊接材料的一致性，以及与母材的对应性，光谱分析结果合金元素及其含量应符合所用焊接材料牌号的元素及含量范围。

6. 抽查合金钢焊接接头的热处理曲线、报告

根据联箱有关的焊接工程项目一览表、焊接项目划分表，结合焊接分项工程综合质量验收评定表，核查合金钢焊接接头需要焊后热处理数量，热处理曲线的对应性。

抽查重要部位焊接接头的热处理曲线图的升温速度、恒温温度、恒温时间，重点 P91、P92 焊接接头的热处理报告、查阅从预热开始到降温全过程曲线显示的内容，是否满足《火力发电厂焊接热处理技术规程》DL/T 819 规范的要求。

7. 抽查合金钢焊接接头的硬度检验报告

抽查合金钢焊接接头的热处理后硬度检验报告，主要抽查焊缝、母材硬度值的对应关系，硬度值上限、下限是否满足规范要求。重点是 P91、P92 焊接接头的硬度检验报告，核查细晶马氏体钢焊接接头硬度值范围。

二、除氧器

除氧器能除去热力系统给水中的溶解氧及其他气体，防止热力设备的腐蚀，是保证电厂安全运行的重要设备。具有允许入口水溶氧量高，入口水温低，补给水量大等特点，适用于各类电站锅炉。

除氧器是锅炉及供热系统关键设备之一，如除氧器除氧能力差，将给锅炉给水管道、省煤器和其他附属设备造成严重的腐蚀，引起的经济损失将是除氧器造价的几十或几百倍。除氧器装置流程示意图如图 2-4 所示。

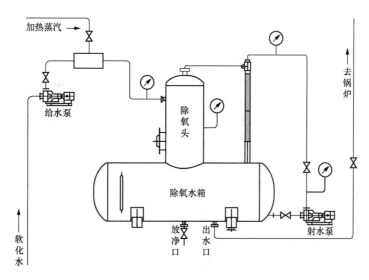

图 2-4　除氧器装置流程示意图

除氧器的结构是由除氧头和水箱组成。除氧头的结构由外壳、旋膜器组、水篦子、液汽网、蒸汽分配盘、汽水分离器六大部分组成。水箱由主体及附件组成。除氧头与除氧水箱焊缝连接示意图如图 2-5 所示。

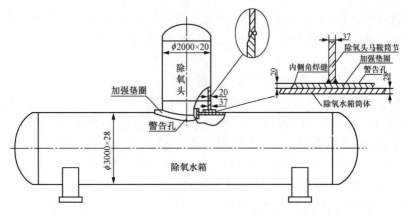

图 2-5　除氧头与除氧水箱焊缝连接示意图

除氧器壳体上的对接焊缝应采用双面焊全焊透结构或单面焊双面成型达到双面焊质量的焊接结构，其焊接接头不应有未焊透，熔敷金属不应低于母材，且圆滑过渡。补强圈外圆的角焊缝高度满足规范要求，焊缝外形尺寸应符合图样的要求。焊接接头检查可采用局部无损检测。

电站除氧器的焊接方法通常采用氩弧焊打底电焊盖面的焊接方法，除氧器基本上由碳钢材料构成，碳钢材料强度低、塑性好，焊后通常不需要进行热处理；但随着机组向高参数发展，锅炉除氧器筒壁已采用耐热钢，其主体材料为 Q345，其壁厚有时不小于 25mm，焊后存在较大残余应力，通常采用焊后热处理消除焊接残余应力。

对于不同的压力容器其无损检测作出了不同的要求，如：工作压力 $p \geqslant 0.1$MPa 的压力容器，规范要求 50%无损检测。

现场除氧器焊接质量检查涉及的压力管道焊接，尤其是除氧器出口管的焊接，其焊接位置、工艺方法、无损检测条件等均比较困难。根据除氧头与除氧水箱焊接时位置，进行检查验收，主要包括筒体连接的对接焊缝和马鞍连接的角焊缝。除氧器焊接接头的检查验收必须在安装之前，因安装后部分焊接接头可能形成隐蔽。

（一）现场抽查验证要点

质量监督检查阶段对于除氧器焊接质量，现场抽查验证工作范围比较小，主要涉及焊缝外观质量抽查、焊接接头的无损检测比例抽查等。

1. 抽查验证焊接接头外观质量合格情况

在除氧器壳体上焊接临时吊耳和拉筋垫板时，应采用与壳体材料相同或焊接性能相似的材料，并应采用相应的焊接材料及焊接工艺。临时吊耳和拉筋垫板割除后，应将焊疤打磨至母材平齐、圆滑。

除氧器受压部件的焊后热处理，应根据下列条件确定：

（1）名义壁厚 $\delta_n \geqslant 25$mm 的 Q345 钢焊接接头，应进行焊后热处理。

（2）异种钢材的焊接接头，应进行焊后热处理，热处理温度不超过焊接接头两侧任一钢种的下临界点 Ac。

（3）当焊接接头两侧材料厚度不同时，应按薄者来确定。

对除氧器焊接接头外观检查主要用肉眼观察并借助专用检测尺和放大镜，是焊接质量验收中最直接、最基本的检验方法。检查除氧器焊缝表面质量是否符合安装技术条件要求，外观检查的重点,外观检查可方便、快捷的发现肉眼可见表面裂纹、夹渣、气孔、未熔合、咬边等不允许缺陷或超标缺陷,在此基础上通过检验人员对宏观缺陷的判断,确定是否需要对某些部位采用无损检测方法作进一步检测,是及时发现重大缺陷的关键,也是外观检查的要点。

外观检查中检验人员应按检查验收要求对除氧器各部件进行检查及时发现设备缺陷,同时还应根据表面缺陷的严重程度、分布特征初步推断焊缝质量的优劣及该焊缝在焊接阶段是否严格执行了焊接、检测工艺,以决定是否必要采用其他无损检测方法做进一步检验。

对照焊接工程外观质量测量检查记录表抽查焊接接头表面质量,抽查主要有:焊缝成形、焊缝余高、焊缝宽窄差、咬边、错边、角变形、裂纹、弧坑、气孔、夹渣。检测方式采用目测,检测工具有焊缝检测尺、直尺、3~5倍放大镜等,核对外观检查结论。裂纹、弧坑、气孔、夹渣属于外观检查不允许存在缺陷,在现场外观检查时应注意识别。

对于除氧器焊接接头的错边、角变形是现场抽查重点,由于焊接时对口椭圆度限制,容易产生错边、角变形,抽查验证时应覆盖或重点抽查。

2. 抽查焊接接头无损检测情况

根据焊接接头编号现场抽查焊接接头无损检测的射线检测或超声检测的标识痕迹,核对现场无损检测比例,以及无损检测抽样分布的代表性,核查射线检测底片显示焊接接头内部质量情况。

（二）资料检查要点

除氧器焊接检查验收的质量记录,是除氧器焊接过程中各个控制环节能否满足质量要求、质量体系运行是否有效客观证据;因此,除氧器焊接质量检查验收活动记录所用的各种表格、检测试验报告等反映了焊接质量体系的运行情况和过程质量控制情况,尤其是除氧器的对接焊接双面焊的焊接工程外观质量测量检查记录表、除氧器整体水压签证、焊接分项工程综合质量验收评定表。

1. 抽查焊接工程项目验收资料、焊接技术文件

根据除氧器焊接工程相应的焊接工程检验批的划分,抽查焊接工程项目的焊接分项工程综合质量验收评定表、焊接工程质量分批验收记录表、焊接工程外观质量测量检查记录表。

在除氧器工程施工焊接资料抽查中,首先核查检验批划分的原则合理性,其次检查验收项目的全面性,然后抽查有代表性的验收项目内容的准确性,核对验收项目的检测试验项目无损检测,应用的焊接工艺评定的覆盖性,与焊接作业文件的联系和一致性,应用的焊接作业文件的完整性。

特别是带有除氧头连接管部位的焊接接头验收检查评定表,无损检测比例、方法,焊接接头合格率等指标。

抽查焊接材料质量证明资料,焊接材料使用跟踪记录。

2. 抽查焊接及检验有关人员的资质情况

焊工必须经考试合格并取得合格证书,持证焊工必须在其考试合格项目及其认可范围内施焊。

结合焊接检验批记录、焊接分项工程综合质量验收评定表,抽查焊接质检人员、焊工、无损检测、理化检验人员的资格条件,抽查报告签发人员的持证项目、检测方法、资格级别等情况的符合性。

从事除氧器焊接施工的焊工,应根据所从事除氧器焊接工程的具体项目、焊接接头等级、

持证项目位置的替代性，满足国家现行标准、技术规程的要求。

3. 抽查焊接工艺评定、焊接作业指导书或焊接工艺卡

采用的钢材、焊接材料、焊接方法等应具有焊接工艺评定报告，并应根据评定报告确定焊接工艺卡或编制焊接作业文件核查焊接工艺评定中的材质、规格、位置的覆盖性。

4. 抽查除氧器焊接接头的无损检测报告及射线检测底片的评定情况

除氧器焊接接头的射线检测执行《金属熔化焊焊接接头射线照相》GB/T 3323 标准，超声检测执行《承压设备无损检测　第 3 部分　超声检测》JB/T 4730.3 标准，抽查检验的委托与检验报告内容的一致性，检测报告中执行标准、验收级别、检测方法、检测工艺、评定结论等的准确性。

抽查除氧器焊接接头射线检测的底片质量，主要包括像质计灵敏度、黑度、几何不清晰度情况，对显示的焊接接头缺陷的定位、定性、定量的判定，依据标准的评定情况，并结合射线检测记录进行核查报告内容一致性、准确性。

抽查无损检测工艺卡与报告中检测工艺参数的对应性、一致性，报告结论的准确性。

第四节　管　　道

本节管道主要是指锅炉范围内的联络管及汽轮机的汽、水、油、气管道等。在特种设备行业里汽轮机的汽、水、油、气部分管道纳入压力管道管理范围，锅炉范围内的联络管纳入《锅炉安全技术监察规程》TSG G0001 管理范围。在电力行业本部分管道则按照《火力发电厂焊接技术规程》DL/T 869、《电力建设施工技术规范　第 5 部分：管道及系统》DL/T 5190.5、《电力建设施工技术规范　第 2 部分：锅炉机组》DL/T 5190.2、《电力建设施工技术规范　第 3 部分：汽轮发电机组》DL/T 5190.3 的规定进行监督管理。

一、管道简介

压力管道是指利用一定的压力，用于输送气体或者液体的管状设备，其范围规定为最高工作压力大于或者等于 0.1MPa（表压）的气体、液化气体、蒸汽介质或者可燃、易爆、有毒、有腐蚀性、最高工作温度高于或者等于标准沸点的液体介质，一般公称直径大于 25mm 的管道。

根据《电力建设施工技术规范　第 5 部分：管道及系统》DL/T 5190.5 的规定，按介质压力分为低压、中压、高压管道。

按照《压力管道安装许可规则》TSG D3001 规定电厂用于输送蒸汽、汽水两相介质的管道，属于动力管道划分为 GD1 级、GD2 级。

GD1 级——设计压力大于或者等于 6.3MPa，或者设计温度高于或者等于 400℃的动力管道为 GD1 级。

GD2 级——设计压力小于 6.3MPa，且设计温度低于 400℃的动力管道为 GD2 级。

管道由管道组成件、管道支吊架（管道支承件）等组成，是管子、管件、法兰、螺栓连接、垫片、阀门、其他组成件或受压部件和支承件的装配总成。一个管道系统，为了完成流体的输送、分配、混合、分离、排放、计量或控制流体流动的功能，必须与相应的动力设备、反应设备、储存设备、分离设备、换热设备、控制设备等连接在一起，形成一个系统，使管内流体具有一定的压力、温度和流量，完成设计预定的任务，焊接过程是压力管道工程施工

的关键过程和主要过程。

电力压力管道的特点有：

（1）数量多，管道系统大，厂房内管道布置交叉、紧凑。

（2）管道组成件和支承件的材质、品种、规格复杂，质量均一性差。

（3）运行过程受生产过程波动影响，运行条件变化多，如热胀冷缩、交变载荷、温度和压力波动等。

（4）腐蚀和破坏机理复杂，材料失效模式多。

压力管道组对、焊接质量的好坏直接影响管道介质的流速流向、管道磨损情况和安全运行。因此对压力管道的焊接质量有着极为严格的要求，除要求焊接接头为完全熔透焊缝外，对压力管道的耐蚀性以及焊缝表明的质量也有着具体的焊接标准、焊缝的表面应平缓、均匀、不得有明显的凸凹焊道。焊接过程的质量控制对保证压力管道工程的安装起着重要的作用。为此，控制压力管道工程中的焊接质量是管道安装质量控制的关键。

（1）电力工程的管道按材料划分为金属管道与非金属管道，电力工程金属管道的分类如图 2-6 所示。

（2）电力工程的管道所说的超临界是根据介质压力区别，锅炉介质是水，例如，水的临界压力是 22.115MPa，临界温度是 374.15℃；在这个压力和温度时，水和蒸汽的密度是相同的，就叫水的临界点，炉内介质压力低于这个压力就叫亚临界锅炉，大于这个压力就是超临界锅炉，炉内蒸汽温度不低于 593℃或蒸汽压力不低于 31MPa 被称

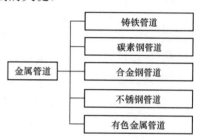

图 2-6　电力工程金属管道的分类

为超超临界。目前，在工程上，也常常将 25MPa 以上的称为超超临界。

根据《火力发电厂焊接技术规程》DL/T 869 的规定，将管道焊接接头分别按照压力、温度、介质和公称直径分为Ⅰ、Ⅱ、Ⅲ三个类别，不同类别的焊接接头分别执行不同的检验方法及检验比例。

二、高温高压管道

对于不同的材质，高温管道是指在壁温达到材料蠕变温度下工作的管道。对碳素钢或低合金钢管道，温度超过 420℃，合金钢（如 Cr-Mo）超过 450℃，奥氏体不锈钢超过 550℃，均属高温管道。

高压管道指介质设计压力大于 10MPa 以上的管道，对于焊接工程而言也就是按照《火力发电厂焊接技术规程》DL/T 869 中工作压力大于 9.81MPa 以上的管道。

本节所述高温高压管道主要指材质为合金钢、介质温度大于 450℃、工作压力大于 9.81MPa、公称直径大于 63.5mm 的电力工程钢制压力管道。一般主要包括主蒸汽管道、再热蒸汽管道、高压给水管道、各种联络管道等有关符合上述范围的压力管道。

电力工程项目钢质压力管道（以下均简称为管道）通常采用焊接方式连接，因此，焊接是管道安装中最关键、最重要的一道工序。影响管道焊接质量的因素较多，主要有管材和焊接材料的质量、焊工的资格和操作能力、焊接施工工艺和操作过程等。

管道焊接质量控制有几个重要环节：材料质量控制、焊接过程控制、焊接质量检验。材料质量控制是首要前提，焊接过程控制、焊接质量检验是必要条件。如果忽略了过程控制，

仅靠最终检验的手段来控制，管道焊接质量容易产生隐患。因为大多数管道焊接接头质量检验不是进行 100%检验，而是按规范规定抽取一定比例检验，未抽检到的焊接接头的质量存在不合格的可能性。

（一）现场抽查验证要点

焊接质量检验控制措施对于管道焊接质量检验通常分三方面，一是焊接接头表面质量检查，二是焊接接头内部质量无损检测，三是管道系统压力试验。

焊接质量检验结果的认定：焊接接头表面质量和内部质量检验结果，必须达到设计和施工验收规范要求的等级，才能认定为合格。焊接接头缺陷判定及质量等级评定应符合《火力发电厂焊接技术规程》DL/T 869、《管道焊接接头超声波检测技术规程》DL/T 820、《钢制承压管道对接焊接接头射线检验技术规程》DL/T 821 的有关规定。

焊接接头表面质量检验控制措施，采用目测和焊接检测尺实测的方式检验外观质量，主要检查焊缝表面的裂纹、气孔、夹渣、咬边、未焊满、余高、焊缝外观成形、角焊缝厚度、角焊缝焊脚对称情况等。

质量监督检查对于高温高压管道焊接质量，现场抽查验证工作范围比较大，主要涉及焊接接头外观质量抽查、合金钢焊缝合金成分抽查、合金钢焊接接头热处理后的硬度抽查、合金钢焊缝的金相抽查、焊接接头的无损检测情况及比例抽查等。

1. 抽查验证焊接接头外观质量合格情况

对高温高压管道焊接接头外观检查主要用肉眼观察并借助专用检测检测尺和放大镜，是焊接质量验收中最直接、最基本的检验方法。检查焊缝表面质量是否符合《电力建设施工质量验收及评定规程 第 7 部分 焊接》DL/T 5210.7 要求是外观检查的重点，外观检查可方便、快捷的发现肉眼可见的高温高压管道焊缝表面裂纹、夹渣、气孔、未熔合、咬边等不允许缺陷或超标缺陷，在此基础上通过检验人员对宏观缺陷的判断，确定是否需要对某些部位采用无损检测方法作进一步检测，是及时发现重大缺陷的关键，也是外观检查的要点。

外观检查中检验人员应按检查验收要求对各部件进行检查及时发现高温高压管道的焊接外观缺陷，同时还应根据表面缺陷的严重程度、分布特征初步推断焊缝质量的优劣及该焊缝在焊接阶段是否严格执行了焊接、检测工艺，以决定是否必要采用其他无损检测方法做进一步检验。

对照焊接工程外观质量测量检查记录表抽查高温高压管道焊接接头表面质量，检验指标主要有：焊缝成形、焊缝余高、焊缝宽窄差、咬边、错边、角变形、裂纹、弧坑、气孔、夹渣。检测方式采用目测，检测工具有焊缝检测尺、直尺、3～5 倍放大镜等，核对外观检查结论。裂纹、弧坑、气孔、夹渣属于外观检查不允许存在缺陷，在现场外观检查时应注意识别。

对于高温高压管道焊接接头的现场抽查，由于汽轮机、锅炉均有分布面广、焊接位置复杂、多样的高温高压管道，尤其在锅炉水压试验前是锅炉高温高压管道安装焊接数量较大的节点，焊接和无损检测的工作量大、薄弱环节多，在锅炉上部各种联络管道走向复杂，众多，由于运行工况的需要，合金钢材质情况复杂，过热器、再热器联络管等抽查验证时应覆盖或重点抽查。

对于细晶马氏体钢的 T/P91、T/P92 焊接接头的外观检测应该是重点，尤其是外观细部检查应备有专用照明工具，由于此类材质对裂纹的敏感性，应重点注意表面裂纹、咬边、夹渣、气孔缺陷，对于水平固定焊接接头的仰焊部位因其焊接位置比较困难，是焊工操作难度较大的部位，焊接质量控制要求不容易达到，应重点检查。

2. **抽查焊接接头无损检测情况**

对照焊接工程检测一览表中的高温高压管道焊接接头检测数量、比例、方法情况，根据焊接接头编号现场抽查焊接接头无损检测的射线检测或超声检测的标识痕迹，核对现场无损检测比例，以及无损检测抽样分布的代表性，对合金钢材质的过热器、再热器高温高压管道焊接接头要重点抽查，按照《电力工程质量监督检查大纲》监督检测的要求要求，现场指定不同部位的焊接接头进行无损检测复验，以便核查无损检测焊接接头与实际焊接接头相对应的一致性，主要根据射线检测底片显示焊接接头内部质量情况、超声显示波形判断内部质量信息情况，验证无损检测工作质量的可靠性、真实性。

3. **抽查合金钢焊缝光谱分析情况**

对于超临界、超超临界的高温高压管道合金钢焊缝。对照焊接项目检测一览表中的合金钢焊缝光谱抽检情况。根据委托单和报告的合金焊接材料成分重点抽查 T/P91、T/P92 的焊缝合金成分，现场应用光谱分析仪抽查高温高压管道合金钢焊接接头，主要包括焊缝和母材，目的是抽查所采用的焊接材料是否满足规范要求，根据母材与选择焊接材料之间是否满足规范要求。对于大径管焊接接头的焊缝应在一定距离内多点进行光谱分析，观察合金成分含量的一致性。

4. **抽查热处理焊接接头硬度的检验情况**

对于超临界、超超临界的高温高压管道合金钢焊接接头应用里氏硬度计，对热处理后的焊缝及母材进行硬度抽查；重点抽查 T/P91、T/P92 焊接接头的硬度值范围，是否满足规范要求。母材部位硬度值的抽查必须在焊缝加热宽度范围之外，通过比照焊缝及母材的硬度值，来核查焊接热处理情况是否满足规范要求。对于大径管焊接接头的焊缝应在一定距离内多点进行检验，以核查焊后热处理的均匀性。

5. **抽查焊接接头的金相组织情况**

对于超临界、超超临界的高温高压管道合金钢焊接接头，有金相检验要求的一般应进行金相组织的核查，重点核查 T/P91、T/P92 焊接接头的母材、热影响区、焊缝三个部位的金相组织状态是否满足规范要求。必要时应用数码金相设备，对焊接接头进行金相组织状态观察，要求在满足观察倍数情况下拍摄数码照片。

（二）**资料检查要点**

高温高压管道焊接检查验收的质量记录，是焊接过程中各个控制环节能否满足质量要求、质量体系运行是否有效客观证据。根据管道系统将高温高压管道焊接划分为几个分项工程检查验收，分期完成焊接工程外观质量测量检查记录表、焊接工程质量分批验收记录表、焊接分项工程综合质量验收评定表，是符合实际工程质量检查验收需求的。

1. **抽查焊接工程项目验收资料、焊接技术文件**

根据焊接工程项目划分表中的高温高压管道部分，抽查焊接分项工程综合质量验收评定表、焊接工程质量分批验收记录表、焊接工程外观质量测量检查记录表。

在高温高压管道焊接工程施工焊接资料抽查中，首先核查检验批划分的原则合理性，其次检查验收项目的全面性，然后抽查验收项目内容的准确性，核对验收项目的检测试验项目无损检测，应用的焊接工艺评定的覆盖性，与焊接作业文件的联系和一致性，应用的焊接作业文件的完整性。

抽查高温高压管道焊接接头无损检测及理化检验的比例、方法，焊接接头合格率等指标。

抽查焊接材料质量证明资料，焊接材料使用跟踪记录。

2. 抽查焊接及检验有关人员的资质情况

焊工必须经考试合格并取得合格证书，持证焊工必须在其考试合格项目及其认可范围内施焊。

结合焊接检验批记录、焊接分项工程综合质量验收评定表，抽查焊接质检人员、焊工、热处理人员、无损检测、理化检测人员的资格条件，抽查报告签发人员的持证项目、检测方法、资格级别等情况的符合性。

从事高温高压管道焊接施工的焊工，所从事焊接工程的具体项目、焊接接头等级、持证项目位置的替代性，应满足国家现行标准、技术规程的要求。严禁跨类级、超范围、缺位置安排焊工施工。

3. 抽查焊接工艺评定、焊接作业指导书或焊接工艺卡

采用的钢材、焊接材料、焊接方法、焊后热处理工艺等，应具有焊接工艺评定报告，并应根据评定报告确定焊接工艺卡或编制焊接作业文件，特别是高温高压管道过渡异种钢焊接的工艺评定中的材质、规格、位置的覆盖性。

4. 抽查高温高压管道焊接接头的无损检测报告及射线检测底片的评定情况

抽查检验的委托与检验报告内容的一致性，检测报告中执行标准、验收级别、检测方法、检测工艺、评定结论等的准确性。

抽查高温高压管道焊接接头的射线检测底片质量，主要包括像质计灵敏度、黑度、几何不清晰度等情况，对底片上显示的焊接接头中缺陷的定位、定性、定量的判定、评定情况，并结合射线检测记录进行核查报告内容一致性、准确性。

抽查高温高压管道焊接接头超声检测报告，核查报告中检测工艺参数选择的探头规格、角度值、数量、校准的试块、检测灵敏度的设置是否满足规范的要求。

抽查高温高压管道无损检测工艺卡与报告中检测工艺参数的对应性、一致性，报告结论的准确性。

5. 抽查高温高压管道合金钢焊缝的光谱分析报告

结合焊接分项工程综合质量验收评定表的抽检比例，核查高温高压管道某一个分项工程验收比例是否满足规范要求；抽查高温高压管道合金钢焊缝光谱分析报告的分析结果与焊接材料的一致性，以及与母材的对应性，重点是 T/P91、T/P92 的光谱分析结果合金元素及其含量应符合所用焊接材料牌号的元素及含量范围。

6. 抽查高温高压管道合金钢焊接接头的热处理曲线、报告

根据焊接工程一览表、焊接项目划分表、焊接分项工程综合质量验收评定表，核查高温高压管道合金钢焊接接头需要焊后热处理的数量，抽查焊后热处理质量评价表，热处理曲线的对应性，特别是 T/P91、T/P92 的焊后热处理质量评价表及热处理曲线的正确性、准确性。

抽查重要部位焊接接头的热处理曲线图的升温速度、恒温温度、恒温时间，重点 P91、P92 焊接接头的热处理报告、查阅从预热开始到降温全过程曲线显示的内容，是否满足规范要求。

7. 抽查合金钢焊接接头的硬度检验报告

抽查高温高压管道合金钢焊接接头的热处理后硬度检验报告，主要抽查 P91、P92 焊缝、母材硬度值的对应关系，硬度值上限、下限是否满足规范要求。

8. 抽查合金钢焊接接头的金相检验报告

核查有金相检验要求的高温高压管道合金钢焊接接头的金相检验报告，重点核查 T/P91、T/P92 焊接接头的金相组织状态、拍摄倍数是否满足规范要求。

三、中、低压管道

根据《火力发电厂焊接技术规程》DL/T 869、《电力建设施工质量验收及评价规程 第 5 部分：管道及系统》DL/T 5210.5、《电力建设施工质量验收及评价规程 第 7 部分：焊接》DL/T 5210.7 中的规定，中低压管道安装包括火力发电厂内 8.0MPa 以下、设计温度 450℃及以下的汽水管道、热网管道、排汽管道、压缩空气等管道（包括镀锌管、高频钢管、直缝管和螺旋钢管等）及其附件的焊接；中低压管道划分为若干个分项工程。

中低压管道焊接质量现场抽查验证工作范围比较大，无损检验比例为 1%～50%不等。中低压管道系统复杂，管线繁多，管线中有同种钢焊接也有异种钢焊接。材质有 Q345-B、20、15CrMo、12Cr1MoV 等。焊接接头焊接位置多样，管道尺寸规格众多。主要抽查管道施工验收范围划分表中性质为主控项目的轴封及门杆漏汽系统、本体抽汽系统、中低压给水系统、凝结水系统等管道焊接分项工程综合质量验收评定表；抽查焊接接头外观质量、合金钢焊缝合金成分、焊接接头的无损检测比例等。

（一）现场抽查验证要点

根据《火力发电厂焊接技术规程》DL/T 869、《火力发电厂焊接热处理技术规程》DL/T 819、《火力发电厂异种钢焊接技术规程》DL/T 752 及《电力建设施工质量验收及评价规程 第 7 部分：焊接》DL/T 5210.7 主要抽查验证要点介绍如下。

1. 抽查验证焊接接头外观质量合格情况

对中低压管道焊接接头外观检查主要用肉眼观察并借助专用检测尺和放大镜，是焊接质量验收中最直接、最基本的检验方法。检查焊接接头表面质量是否符合《电力建设施工质量验收及评定规程 第 7 部分：焊接》DL/T 5210.7 要求，外观检查可方便、快捷地发现肉眼可见表面裂纹、夹渣、气孔、未熔合、咬边等不允许或超标缺陷，在此基础上通过检验人员对宏观缺陷的判断，确定是否需要对某些部位采用无损检测方法作进一步检测，是及时发现重大缺陷的关键，也是外观检查的要点。

外观检查中检验人员应按检查验收要求对各部件认真检查及时发现焊接缺陷，同时还应根据表面缺陷的严重程度、分布特征初步推断焊接接头质量的优劣及该焊接接头在焊接阶段是否严格执行了焊接、检测工艺，以决定是否必要采用其他无损检测方法做进一步检验。

现场抽查项目有：三段抽汽、轴封及门杆漏汽系统、凝结水系统等管道焊接接头。

对照《焊接工程外观质量测量检查记录表》抽查焊接接头表面质量，检验指标主要有：焊缝成形、焊缝余高、焊缝宽窄差、咬边、错边、角变形、裂纹、弧坑、气孔、夹渣。焊接接头表面质量验收见表 2-1。

表 2-1　　　　　　焊接接头表面质量（C 类工程焊接质量验收评定标准表）

序号	验评项目	部件规格（mm）	质量标准（mm）	
			合格	优良
1	焊缝成形	—	焊缝成形尚可，接头良好	焊缝过渡圆滑、均匀，接头良好
2	焊缝余高	$\delta\leq10$	0～4	0～3
		$\delta>10$	0～5	0～4
3	焊缝宽窄差	$\delta\leq10$	≤4	≤3
		$\delta>10$	≤5	≤4
4	错边	$D\leq800$	外壁≤0.1δ 且≤4	
5	咬边	—	$h\leq0.5\ \sum l\leq0.2L$，且≤40	$h\leq0.5\ \sum l\leq0.1L$，且≤300（$D\geq426$，$\sum l\leq100$）
6	焊接角变形	$D<100$	≤1/100	
		$D\geq100$	≤3/200	
7	裂纹	—	无	
8	弧坑	—	无	
9	气孔	—	无	
10	夹杂	—	无	

检测方式采用目测，检测工具有焊缝检测尺、直尺、3～5 倍放大镜等，核对外观检查结论。

2. 抽查焊接接头无损检测情况

依据《火力发电工程质量监督检查大纲》的要求进行质量监督检测，无损检测依据《火力发电厂焊接技术规程》DL/T 869 中的相关条款执行。

对照焊接工程检测一览表中的中、低压管道焊接接头检测情况，根据焊接接头编号现场抽查焊接接头无损检测的标识痕迹，核对现场无损检测比例，以及无损检测抽样分布的代表性，对合金材料的焊接接头要重点抽查，抽查射线检测底片的评定情况。

3. 抽查合金钢焊缝光谱分析情况

依据《火力发电厂焊接技术规程》DL/T 869 中相关条款执行。对于中、低压管道合金钢焊缝，对照焊接工程检测一览表中的合金钢焊缝光谱抽检情况，必要时现场应用光谱分析仪抽查合金钢焊缝，目的是抽查所采用的焊接材料是否满足规范要求。

4. 抽查热处理焊接接头硬度的检验情况

必要时对热处理后的合金钢焊接接头进行里氏硬度抽查，是否满足规范要求。母材部位硬度值的抽查必须在焊缝加热宽度范围之外，通过比照焊缝及母材的硬度值，来核查焊接热处理情况是否满足规范要求。

（二）资料检查要点

中、低压管道焊接检查验收的质量记录，是焊接过程中各个控制环节能否满足质量要求、质量体系运行是否有效的客观证据。

1. 抽查焊接工程项目验收资料、焊接技术文件

抽查中、低压管道项目划分表，对划分表中主控项目的分部工程管道焊接抽查外观质量测量检查记录表、焊接工程质量分批记录、焊接分项综合质量验收评定表。

在工程施工焊接资料抽查中，首先核查检验批划分的合理性，其次检查验收项目的全面性。抽查无损检测比例、方法，焊接接头合格率等指标。

抽查焊接材料质量证明资料，焊接材料使用跟踪记录。

2. 抽查焊接、热处理及检验有关人员的资格情况

焊工证、热处理证件及焊接质检员证件是否有效，焊工必须经考试合格并取得合格证书。持证焊工必须在其考试合格项目及其认可范围内施焊。结合焊接检验批记录、焊接分项工程综合质量验收评定表，抽查焊接质检人员、焊工、热处理人员、无损检测、理化检测人员的资格条件，抽查报告签发人员的持证项目、检测方法、资格级别等情况的符合性。

3. 抽查焊接工艺评定、焊接及热处理作业指导书和焊接及热处理工艺卡、抽查焊接接头返修记录、标有焊接接头、检测记录管道单线立体图。抽查合金钢焊接接头的热处理曲线、报告

4. 抽查中、低压管道焊接接头的无损检测报告及射线检测底片的评定情况

抽查无损检测方法、比例是否符合《火力发电厂焊接技术规程》DL/T 869 中相关条款规定，焊接接头无损检测的报告和记录是否符合《钢制承压管道对接焊接接头射线检验技术规程》DL/T 821、《管道焊接接头超声波检验技术规程》DL/T 820、《金属熔化焊焊接接头射线照相》GB/T 3323、《焊缝无损检测 超声检测 技术、检测等级和评定》GB/T 11345、《承压设备无损检测》JB/T 4730 等要求。

抽查检验的委托与检验报告内容的一致性，检测报告中执行标准、验收级别、检测方法、检测工艺、评定结论等的准确性。

5. 抽查中、低压管道合金钢焊缝的光谱分析报告

结合焊接分项工程综合质量验收评定表的抽检比例，分别对中、低压管道核查某一个分项规程验收比例是否满足规范要求；抽查中压低压管道合金钢焊缝光谱分析报告的分析结果与焊接材料的一致性。

6. 抽查合金钢焊接接头的硬度检验报告

抽查中、低压管道合金钢焊接接头的热处理后硬度检验报告，核实焊缝、母材硬度值的对应关系，硬度值上限、下限是否满足规范要求。

第五节　汽轮发电机组部件

汽轮发电机组部件由于其工作温度、工作压力及工作转速较高，承担着电站介质能量转换的重要任务，所以做好汽轮发电机组部件的金属监督工作至关重要。根据汽轮发电机组部件的工作特点，其主要分为转动部件和静止部件两大部分。转动部件主要包括汽轮机大轴、叶轮、叶片等，静止部件主要包括汽缸、轴瓦、喷嘴、隔板、隔板套、高温紧固件等。本节重点描述汽轮发电机组部件金属检验的监督检查内容，主要依据《火力发电厂金属技术监督规程》DL/T 438 中相关条款进行核查，核查期间施工单位应提供金属检验一览表。

一、大轴、叶轮、叶片、喷嘴、隔板和隔板套、发电机护环等部件

汽轮发电机组部件在整个机组中，是运行环境最为恶劣的部件，所以针对大轴、叶轮、叶片、喷嘴、隔板和隔板套、发电机护环等部件的金属监督工作尤为重要。在质量监督检查阶段的工作主要从以下几方面开展。

（一）现场抽查验证要点

根据《火力发电厂金属技术监督规程》DL/T 438 相关条款要求对汽轮机的大轴、叶轮、叶片、喷嘴、隔板和隔板套等进行如下抽查：

（1）对转子、叶轮、叶片、喷嘴、隔板和隔板套等部件的完好情况、是否存在制造缺陷进行抽查，对易出现缺陷的部位重点检查。外观质量抽查主要检查部件表面有无裂纹、严重划痕、碰撞痕印，做出是否处理记录。

（2）必要时对转子进行圆周和轴向硬度抽查，且应抽查转子两个截面，高中压转子有一个截面应选在调速级轮盘侧面；每一截面周向间隙 90°进行硬度检验，同一圆周线上的硬度值偏差不应超过 30HB，同一轴向的硬度值偏差不应超过 40HB。

（3）若对制造厂提供的无损检测报告及安全性能检验报告有疑问时，应进行无损检测核查。

（4）对各级推力瓦和轴瓦的超声检测抽查，核对检测结果是否相符。现场抽查推力瓦或轴瓦的超声检测情况，必要时应用超声探伤仪进行复核。

（5）镶焊有司太立合金的叶片，应对焊缝进行无损探伤。

（6）对隔板进行外观质量检验和表面探伤。

（二）资料检查要点

1. 抽查制造厂质量证明文件情况

查看大轴、叶轮、叶片、喷嘴、隔板和隔板套、护环等制造厂提供的部件质量证明书是否符合现行国家或行业标准，重点关注坯料的冶炼、锻造及热处理工艺、化学成分、力学性能（拉伸、硬度、冲击、脆性形貌转变温度）、残余应力的测试结果、金相组织、晶粒度以及无损检测报告等。

2. 抽查无损检测报告情况

抽查各级推力瓦和轴瓦的无损检测报告，抽查检验的委托与检验报告内容的一致性，检测报告中执行标准、验收级别、检测方法、检测工艺、评定结论等。

3. 抽查硬度检验报告情况

抽查汽轮机转子的硬度检验报告，核实报告结论是否满足《火力发电厂金属技术监督规程》DL/T 438 中的相关条款规定。

4. 抽查光谱分析报告情况

抽查大轴、叶轮、叶片、喷嘴、隔板和隔板套、护环等合金钢材质的光谱复查报告，核实与设计材质是否相符。

二、高温紧固件

高温紧固件主要包括 400℃以上的汽缸、汽门、各种阀门和蒸汽管道法兰的螺栓、螺母和垫片。安装前应按《火力发电厂金属技术监督规程》DL/T 438 和《火力发电厂高温紧固件技术导则》DL/T 439 规定的范围和比例进行无损检测、光谱分析、金相、硬度等检验，并且与制造厂图纸或其他相关标准相符。抽查的具体内容应按照《火力发电厂金属技术监督规程》DL/T 438 和《火力发电厂高温紧固件技术导则》DL/T 439 执行。

（一）现场抽查验证要点

1. 抽查高温紧固件外观质量情况

依据《火力发电厂高温紧固件技术导则》DL/T 439 中相关要求，对螺栓几何尺寸、表面粗糙度及表面质量进行抽查，螺栓表面应光滑、不应有凹痕、裂纹、锈蚀、毛刺和其他会引起应力集中的缺陷等。

2. 抽查高温紧固件无损检测情况

对照汽轮机专业高温紧固件的数量情况，根据现场高温紧固件无损检测的标识痕迹，核对现场无损检测抽查比例，现场指定不同规格、材质、部位的高温紧固件进行无损检测抽查，以便核查无损检测结果一致性，主要根据超声显示波形判断内部质量信息情况，验证无损检测工作质量的可靠性、真实性。

3. 抽查高温紧固件光谱分析情况

对于汽轮机本体所有合金钢螺栓、螺母、垫圈等全部进行光谱分析，查看进行光谱分析的位置以及对光谱分析后留下的弧点处理是否符合 DL/T 439 要求。现场按照《电力工程质量监督检查大纲》监督检测的要求，应用光谱分析仪抽查不同规格、材质、部位的高温紧固件，目的是抽查高温紧固件是否符合设计材质要求。

4. 抽查高温紧固件硬度的检测情况

对于大于 M32 的螺栓、螺母全部进行硬度检验，现场查看进行硬度检验的位置是否符合 DL/T 439 要求。现场按照《电力工程质量监督检查大纲》监督检测的要求，应用硬度仪对不同规格、材质、部位的螺栓、螺母进行抽查，重点抽查 2Cr12NiMo1W1V、1Cr11MoNiW1VNb、20 Cr1Mo1VNbTiB 等材质螺栓的硬度值是否满足规程以及制造厂要求，目的是查看是否存在硬度值偏高或偏低的情况。

5. 抽查高温紧固件的金相组织情况

对于大于 M 32 的螺栓应按照 DL/T 439 的要求进行金相抽查，查看高温紧固件进行金相检验的位置以及痕迹。确认安装前进行金相检验。

6. 抽查高温螺栓、螺母的标识情况

现场抽查已检测的螺栓、螺母检测后标识情况，查验标识与报告的对应性，核查标识状态的完整性。

（二）资料检查要点

1. 抽查高温紧固件厂家技术资料

（1）质量检验单。

（2）光谱分析、无损检测、硬度检测、金相检验资料。

2. 抽查高温紧固件安装过程中形成的技术资料

（1）抽查高温紧固件的无损检测报告，抽查检验的委托与检验报告内容的一致性，检测报告中执行标准、验收级别、检测方法、检测工艺、评定结论等的准确性。

抽查高温紧固件无损检测工艺指导文件与报告中检测工艺参数的对应性、一致性，报告结论的准确性。

（2）抽查高温紧固件的光谱复查报告。抽查高温紧固件的光谱分析复查报告，包括汽缸内、汽轮机大轴连接螺栓，主汽门螺栓等，核实光谱分析工作是否按照《火力发电厂高温紧固件技术导则》DL/T 439 执行，核实光谱分析报告中 Cr、Ni、Mo、V、W、Ti 等重点元素的含量是否符合设计要求。

（3）抽查高温紧固件的硬度检验报告。抽查高温紧固件的硬度检验报告，包括汽缸内、汽轮机大轴连接螺栓，主汽门螺栓等，核实硬度检验工作是否按照《火力发电厂高温紧固件技术导则》DL/T 439 执行，核实硬度检验报告中螺栓与螺母的硬度值差以及匹配情况是否按照《火力发电厂高温紧固件技术导则》DL/T 439 规定。

（4）抽查高温紧固件的金相检验报告。对有金相检验要求的高温紧固件，抽查金相检验报告，核查高温紧固件进行金相检验的比例、范围是否符合要求。查看金相显微组织的照片，确认金相显微组织是否正常。

三、大型铸件

电站大型铸件包括汽缸、汽室、主汽门、调速汽门、平衡环、阀门等部件，依据《火力发电厂金属技术监督规程》DL/T 438 中相关条款要求做以下抽查。

（一）现场抽查验证要点

1. 抽查大型铸件外观质量情况

抽查大型铸件（如汽缸、汽室、主汽门、调速汽门、平衡环等部件）外观质量，应无裂纹、夹渣、重皮、焊瘤、铸砂和损伤缺陷等。

2. 抽查无损检测情况

根据外观检查情况，必要时抽查汽缸螺栓孔是否按照《火力发电厂金属技术监督规程》DL/T 438 规定进行了无损检测，不得有裂纹、缩孔、冷隔、漏焊、砂眼、疏松以及尖锐划痕等缺陷。

3. 抽查光谱分析情况

核查是否对汽缸、汽室、主汽门、调速汽门、平衡环、阀门等合金钢铸件进行了光谱分析，针对大型铸件进行光谱分析时应该注意要多点分析，现场查看分析痕迹等。

4. 抽查硬度检验情况

核查是否对汽缸、汽室、主汽门、调速汽门、平衡环、阀门等合金钢铸件进行了硬度检验，现场查看检验痕迹，以及检验部位是否注意该部件的高温区段等。

（二）资料检查要点

1. 抽查制造厂质量证明文件情况

查看汽缸、汽室、主汽门、调速汽门、平衡环、阀门等制造厂提供的部件质量证明书是否符合现行国家或行业标准，重点关注坯料的热处理工艺、化学成分、力学性能（拉伸、硬度、冲击、脆性形貌转变温度）、金相组织、晶粒度以及无损检测报告，其中无损检测报告要特别注意铸件的关键部位，包括铸件的所有浇口、冒口与铸件的相接处、截面突变处以及焊缝端头的预加工处。

2. 抽查无损检测及理化检验报告情况

抽查汽缸的螺栓孔无损检测报告，抽查检验的委托与检验报告内容的一致性，检测报告中执行标准、验收级别、检测方法、检测工艺、评定结论等；抽查铸件的硬度检验报告，抽查汽缸、汽室、主汽门、调速汽门、平衡环、阀门等合金钢材质的光谱复查报告等。

第六节　热工仪表及控制装置元件

火力发电厂热工仪表及控制元件的焊接主要是热工仪表管和取源部件的焊接，一般分为对接和插接。施工中要严格遵循《火力发电厂焊接技术规程》DL/T 869、《电力建设施工质量验收及评价规程 第7部分：焊接》DL/T 5210.7、《电力建设施工质量验收及评价规程 第4部分：热工仪表及控制装置》DL/T 5210.4、的相关要求。

一、现场抽查验证要点

依据《电力建设施工技术规范 第4部分：热工仪表及控制装置》DL 5190.4 的相关要求，对热工仪表及控制装置元件安装现场抽查要点如下：

（1）抽查安装前各类管材、阀门等承压部件是否进行清理和分类标识。对高温、高压、负压、易燃、易爆、有毒、有害介质的取源部件及敏感元件，是否进行了检验。对中低压、常温等无害介质的取源部件及敏感元件，是否按规定项目进行检验。

（2）核查合金钢部件、取源管等安装前，是否经 100%光谱复查。

（3）抽查测温元件、压力取源装置、流量检出元件和检测仪表等安装焊接外观质量是否符合标准要求。并依据焊接工程外观质量测量检查记录表抽查高温、高压、负压、易燃、易爆、有毒、有害介质的取源部件及敏感元件焊接接头表面质量（如：焊缝成型、焊缝余高、焊缝宽窄差、焊脚尺寸、咬边、错边、角变形等缺陷），检测方式采用目测，必要时采用焊缝检测尺、直尺、3～5 倍放大镜等，核对外观检查结论。

（4）抽查验证焊接接头无损检测情况。核查热控管道焊接接头检测数量、比例、方法情况，以及无损检测抽样分布的代表性等。

（5）抽查合金钢焊缝光谱分析情况。核查合金钢焊缝部件是否进行了光谱分析，针对现场查看光谱分析痕迹等。

二、资料检查要点

（1）依据《电力建设施工质量验收及评定规程 第7部分：焊接》DL/T 5210.7、《电力建设施工质量验收及评价规程 第4部分：热工仪表及控制装置》DL/T 5210.4，抽查热工仪表及控制装置焊接工程质量检验批、分项工程的划分的合理性，并抽查焊接分项工程综合质量验收评定表、焊接工程质量分批验收记录表，焊接工程外观质量测量检查记录表。

（2）抽查焊接工艺评定的覆盖性，抽查热工仪表及控制装置安装焊接作业指导书、焊接工艺卡等。

（3）抽查高温、高压、负压、易燃、易爆、有毒、有害介质的取源部件及敏感元件焊接、热处理相关记录、焊接检验批记录，焊接分项工程综合质量验收评定表。并结合相关资料抽查焊接质检人员、焊工人员的资格是否满足要求。

（4）抽查合金钢部件、取源管安装前、后的光谱分析复查记录、报告。

（5）抽查工程建设标准强制性条文执行检查情况。

（6）抽查热工仪表管和取源部件的焊接接头的无损检测报告，抽查检验的委托与检验报告内容的一致性，检测报告中执行标准、验收级别、检测方法、检测工艺、评定结论等的准确性。

第七节 母线及接地装置

母线是火力发电厂重要的电气设备，其安装质量直接关系到机组及电网的安全稳定运行。母线通常采用铜、铝及铝合金材料制成。本节主要叙述母线焊接，母线有矩形、槽型、管型。母线在安装前应进行焊接工艺试验，确认焊接接头性能符合技术条件后，方可进行施工。在母线安装过程中严格遵循《母线焊接技术规程》DL/T 754、《焊工技术考核规程》DL/T 679、《电气装置安装工程母线装置施工及验收规范》GB 50149、电气接地装置应执行《电气装置安装工程接地装置施工及验收规范》GB 50169，输变电线路的母线焊接可参照本节执行。

母线焊接分发电机出口至变压器之间导体，主回路至厂用变压器之间导体，变、直流励磁导体，送变电站中导体等。对口形式一般为对接、角接和搭接。母线施工完后应进行无损检测。接地装置接地体（线）的连接应采用焊接，焊接必须牢固无虚焊。

（一）现场抽查验证要点

根据《电力建设施工质量验收及评价规程 第 7 部分：焊接》DL/T 5210.7 分项工程质量验收划分表，母线为 F1 类。主要检查焊缝表面的裂纹、气孔、夹渣、咬边、错边、弧坑、焊接角变形、焊缝成形、焊缝尺寸等。裂纹、气孔、夹渣、弧坑不允许出现。

接地极（线）的焊接一般为搭接焊，其搭接长度：扁钢为其宽度的 2 倍（且至少 3 个棱边焊接），圆钢为其直径的 6 倍，圆钢与扁钢连接时，其焊接长度为圆钢直径的 6 倍，扁钢与钢管、扁钢与角钢焊接时，为了连接可靠，除应在其接触部位两侧进行焊接外，还应由钢带弯成的弧形（或直角形）卡子或直接由钢带本身弯成弧形（或直角形）与钢管（或角钢）焊接。

1. 抽查焊接接头外观质量情况

对母线焊接接头外观检查主要用肉眼观察并借助专用检测检测尺和放大镜，检查焊接接头表面质量是否符合规范要求。焊接接头成形是否均直、细密，接头是否良好，焊接接头外形尺寸允许范围见表 2-2，焊缝表面缺陷允许范围见表 2-3。焊件变形弯折偏移不应大于 0.2%，错口值（中心偏移）不应大于 0.5mm（$\leq 0.15\delta$，且不得大于 3.0mm）。

表 2-2　　　　　　　　　　　母线焊缝外形尺寸允许范围　　　　　　　　　　（mm）

接头类型	焊缝余高		焊缝表面高低差		焊缝宽度（比坡口宽度）		焊脚尺寸		
	平焊	其他位置	平焊	其他位置	两侧增宽	每侧增宽	K	K_1	尺寸差
对接接头	2~4	2~4	≤2	≤2	2~4	1~2	—	—	—
搭接接头	—	—	≤2	≤2	—	—	$\delta+(1\sim3)$	δ	≤2

注　δ 为材料厚度。当两侧材料厚度不同时，δ 为较薄材料厚度。

表 2-3　　　　　　　　　　　　焊缝表面缺陷允许范围

缺陷名称			允 许 范 围
裂纹、未熔合、密集气孔、烧穿			不允许
未焊透	单面焊缝	带衬垫焊缝	不允许
		不带衬垫焊缝	深度不大于焊件厚度的 5% 且不大于 1mm，总长度不大于焊缝长度的 20%
	双面焊缝		不允许
咬边			深度不大于焊件厚度的 10% 且不大于 1mm、长度不大于焊缝长度的 20%
根部凸出及凹坑	不带衬垫单面焊缝		根部凸出不大于 4mm，凹坑不大于 2mm
	带衬垫	可拆衬垫单面焊缝	根部凸出不大于 3mm，凹坑不大于 2mm
		不可拆衬垫单面焊缝	衬垫的背面不允许有焊透凸出及焊穿凹坑

2. 抽查焊缝无损检测情况

抽查母线焊接工程检测一览表中的焊接接头检测数量、比例、方法情况，根据焊接接头编号现场抽查焊接接头无损检测的标识痕迹，核对现场无损检测比例，以及无损检测抽样分布的代表性等。

（二）资料检查要点

1. 抽查焊接工程项目验收资料、焊接技术文件及相关人员资质情况

抽查焊接分项工程综合质量验收评定表、焊接工程质量分批验收记录表、焊接工程外观质量测量检查记录表、焊缝表面质量（观感）检查记录表。接地装置焊接记录应抽查电气接地装置验评记录。

抽查母线在正式焊接前的焊接工艺试验报告以及其覆盖性。抽查母线焊接作业指导书能否满足要求。

抽查焊接人员、质检人员、无损检测人员的资格情况，焊工必须经母线考试合格并取得合格证书。持证焊工必须在其考试合格项目及其认可范围内施焊。

抽查焊接材料质量证明、焊接材料跟踪记录。抽查母线焊接一览表、焊接接头返修记录及标有焊接接头、无损检测位置的母线总体或分部的系统图。

2. 抽查母线焊接接头的无损检测报告

抽查检验的委托与检验报告内容的一致性，检测报告中执行标准、验收级别、检测方法、检测工艺、评定结论等的准确性。

抽查母线焊接接头无损检测工艺卡与报告中检测工艺参数的对应性、一致性，报告结论的准确性。

第八节　配套辅助设备设施

凝汽器或空冷装置是汽轮机的重要辅机。凝汽器的作用是将汽轮机的排汽冷凝成水供锅炉重新使用，在汽轮机排汽处建立一个远低于大气压的真空，大大提高汽轮机的输出功率和热经济性。

空冷装置用空气冷却汽轮机作功后的排汽，代替传统发电机组的凝汽器及循环水系统，优点就是节约用水，工作原理就是排汽引入空冷岛，类似大型散热器，通过风机进行冷却。

脱硫设备指用于除去煤中的硫元素，除去燃烧时生成的 SO_2 的一系列设备。石灰石—石膏法脱硫工艺是世界上应用最广泛的一种脱硫技术，它的工作原理：将石灰石粉加水制成浆液作为吸收剂泵入吸收塔与烟气充分接触混合，烟气中的 SO_2 与浆液中的碳酸钙以及从塔下部鼓入的空气进行氧化反应生成硫酸钙，硫酸钙达到一定饱和度后，结晶形成二水石膏。经吸收塔排出的石膏浆液经浓缩、脱水，使其含水量小于 10%，然后用输送机送至石膏储仓堆放，脱硫后的烟气经过除雾器除去雾滴，再经过换热器加热升温后，由烟囱排入大气。由于吸收塔内吸收剂浆液通过循环泵反复循环与烟气接触，吸收剂利用率很高，钙硫比较低，脱硫效率可大于95%。

为了进一步降低 NO_x 的排放，对燃烧后的烟气进行脱硝处理。在众多脱硝方法当中，SCR脱硝工艺以其脱硝装置结构简单、无副产品、运行方便、可靠性高、脱硝效率高、一次投资相对较低等诸多优点，得到了广泛的应用。

SCR 工艺流程为还原剂（氨）用罐装卡车运输，以液体形态储存于氨罐中；液态氨在注入 SCR 系统烟气之前经由蒸发器蒸发气化；气化的氨和稀释空气混合，通过喷氨格栅喷入 SCR 反应器上游的烟气中；充分混合后的还原剂和烟气在 SCR 反应器中催化剂的作用下发生反应，去除 NO_x。

一、凝汽器

凝汽器的焊接包括壳体组合焊接、管板组合焊接、循环水连通管组合焊接、凝汽器喉部和汽轮机低压缸排汽管连接。焊接方法分别采用手工电弧焊、手工钨极氩弧焊、管板自动钨极氩弧焊。其中凝汽器与低压缸的焊接是整个凝汽器焊接的关键环节，控制好焊接变形是直接影响汽轮机的安全和稳定运行首要条件，焊接过程中要通过装设千分表来测量焊接变形。施工中要严格遵循《火电厂凝汽器管板焊接技术规程》DL/T 1097、《焊接工艺评定规程》DL/T 868 等。

（一）现场抽查验证要点

凝汽器管板焊接根据电力建设施工质量验收及评价规程划分表为 F2 类别，质量监督检查阶段对于凝汽器焊接质量检验通常分为焊缝表面质量检查、焊缝无损检测、凝汽器严密性试验。严密性试验是检查钛管或不锈钢管及其密封焊的可靠性，检查凝汽器壳体及其相关接口的严密性。

1. 抽查验证焊接接头及焊缝外观质量情况

凝汽器的换热管一般为钛或不锈钢，板为碳钢、钛、不锈钢制成的复合钢板。凝汽器管板焊缝外观检查主要用肉眼观察、4～10 倍放大镜目测。抽查焊缝成型、焊缝尺寸是否符合安装技术条件要求。抽查的重点是焊缝表面是否均匀、美观、成鱼鳞状，焊缝余高应不大于 1mm，焊缝宽度不大于 5mm，焊缝表面不允许有裂纹、未熔合、焊偏、气孔、管翻边等缺陷，抽查钛管板焊接焊缝表面颜色是否为银白色。抽查喉部与凝汽器壳体的焊接接头表面，对照焊接工程外观质量测量检查记录表，抽查焊缝成形、焊脚尺寸、焊缝宽窄差、咬边、错边、角变形、裂纹、弧坑、气孔、夹渣。检测方式采用目测，必要时应用焊缝检测尺、直尺、3～5 倍放大镜等，核对外观检查结论。

2. 抽查焊接接头及焊缝无损检测情况

抽查焊接接头及焊缝检测数量、比例、方法情况，根据焊接接头及焊缝编号现场抽查焊接接头无损检测的标识痕迹。

（二）资料检查要点

1. 抽查焊接工程项目验收资料、焊接技术文件

重点抽查凝汽器管板焊接工艺评定报告，凝汽器喉部和汽轮机低压缸排汽管连接的焊接记录等。

根据凝汽器焊接工程检验批的划分，抽查焊接工程质量分批验收记录表、焊接工程外观质量测量检查记录表等。

抽查凝汽器焊接作业指导书，核对作业指导书中焊接施工方法能否满足规程规范要求，焊接人员、质检人员的资质是否满足要求。

抽查焊接工艺评定报告，核对其评定内容能否覆盖该项目的施工。抽查焊接施工记录、焊接材料质量证明文件、焊接材料跟踪记录、抽查强制性条文执行检查表等。

2. 抽查凝汽器管、焊接接头及焊缝的无损检测报告

抽查检验的委托与检验报告内容的一致性，检测报告中执行标准、验收级别、检测方法、检测工艺、评定结论等的准确性，重点关注返修缺陷处理的报告。

抽查凝汽器管、焊接接头及焊缝无损检测工艺卡与报告中检测工艺参数的对应性、一致性，报告结论的准确性。

二、空冷装置

依据《电力建设施工技术规范 第 3 部分：汽轮发电机组》DL/T 5190.3，空冷装置属于辅助设备，主要包括空气冷凝系统、空气供给系统、汽轮机排汽管道系统、凝结水系统、抽真空系统、电气系统、仪表和控制系统等。

空冷装置焊接工作主要包括空冷钢结构、排汽管道、分配管道、凝结水管道、抽真空管道、冲洗管道等焊接质量控制。从空冷钢结构组合、安装焊接到空冷系统管道安装焊接，每个环节都必须严格检查、验收，特别是空冷排汽大直径管道，必须按照《电力建设施工技术规范 第 3 部分：汽轮发电机组》DL/T 5190.3 和《电力建设施工技术规范 第 5 部分：管道及系统》DL/T 5190.5 以及《火力发电厂焊接技术规程》DL/T 869 相关要求，控制好大直径管道组对、焊接质量。

质量监督检查阶段对于空冷装置焊接质量抽查验证的项目，主要涉及空冷钢结构焊接接头、空冷系统管道焊接接头外观质量抽查、合金钢高强螺栓、合金钢焊缝光谱复查、焊接接头无损检测比例抽查等。

（一）现场抽查验证要点

空冷装置钢结构焊缝应按其所在部位的载荷性质，受力状态、工况和重要性等一般为Ⅱ、Ⅲ类焊缝，若在设计技术文件或产品标准中有要求时，应按其要求执行。

空冷系统管道焊接质量检验控制措施通常分为焊接接头表面质量检查、无损检测、管道系统压力试验。

空冷系统管道焊接接头表面质量控制措施，采用目测和焊接检测尺实测的方式检验外观质量，主要检查焊接接头表面的裂纹、气孔、夹渣、咬边、余高、焊缝外观成型等。焊接接头表面质量和内部质量检验结果，必须达到设计和施工验收规范要求的等级。焊接接头缺陷判断及质量等级评定应符合《火力发电厂焊接技术规程》DL/T 869 及《管道焊接接头超声波检测技术规程》DL/T 820、《钢制承压管道对接焊接接头射线检验技术规程》DL/T 821 的有关规定。

1. 抽查焊接接头外观质量情况

空冷钢结构现场Ⅱ、Ⅲ类焊缝外观质量标准，焊接时容易出现未焊透、凹陷或弧坑、焊缝尺寸不足等超标缺陷，这些缺陷在一定程度上将影响钢结构承载能力，必须加以控制。焊缝感观应达到：外形均匀、成型较好、焊道与母材圆滑过渡，焊渣和飞溅基本清理干净。

对于空冷管道系统管道焊接接头外观检查主要用肉眼观察并借助专用检测尺和放大镜，检查焊缝表面质量是否符合安装技术要求，重点检查焊缝表面裂纹、夹渣、气孔、咬边、未熔合等不允许缺陷或超标缺陷。并对照焊接工程外观质量测量检查记录表抽查部分管道焊接接头表面质量的检验指标指标（如：焊缝成型、焊缝余高、焊缝宽窄差、焊脚尺寸、咬边、错边、角变形等缺陷），检测方式采用目测，必要时采用焊缝检测尺、直尺、3～5 倍放大镜等，核对外观检查结论。

2. 抽查焊缝无损检测情况

对照空冷装置焊接工程检测一览表中的焊接接头检测数量、比例、方法情况，根据焊接接头编号现场抽查焊接接头无损检测的标识痕迹，核对现场无损检测比例，以及无损检测抽样分布的代表性等，验证检测是否符合标准要求。

3. 抽查合金高强螺栓、合金钢焊缝光谱分析情况

核查合金高强螺栓、合金钢焊缝部件是否进行了光谱分析，针对现场查看光谱分析痕迹等。

（二）资料检查要点

（1）依据空冷钢结构、空冷系统管道组合和安装工程检验批、分项工程的划分，核查检验批划分的合理性。并抽查焊接分项工程综合质量验收评定表、焊接工程质量分批验收记录表，焊接工程外观质量测量检查记录表。

（2）抽查焊接工艺评定报告的覆盖性，抽查空冷钢结构、系统管道等作业指导书及交底记录，抽查焊接工艺卡等。

（3）结合焊接检验批记录，焊接分项工程综合质量验收评定表，抽查焊接质检人员、焊工、无损检测人员的资格是否满足要求。

（4）依据焊接记录或检验批等相关记录，抽查焊接材料质量证明文件适应性和可追溯性。

（5）抽查空冷装置焊接接头的无损检测报告，抽查检验的委托与检验报告内容的一致性，检测报告中执行标准、验收级别、检测方法、检测工艺、评定结论等的准确性，重点关注返修缺陷处理的报告。

抽查空冷装置焊接接头无损检测工艺卡与报告中检测工艺参数的对应性、一致性，报告结论的准确性。

（6）抽查合金高强螺栓、合金钢焊缝光谱分析报告。

三、脱硫装置

脱硫工程主要是由 SO_2 吸收系统（如吸收塔预制安装、管道等）、烟气系统（烟道制作、安装）、石灰石浆液制备系统、石膏脱水系统（溢流箱、滤液箱及管道安装）、废水处理系统（三联箱、清水箱盐、酸储箱以及管道安装）、公用系统（工艺水箱、工业水设备、压缩空气设备、管道）等组成。

脱硫焊接工程主要包括吸收塔预制、安装焊接，吸收塔支撑梁安装焊接，烟道制作、安装焊接，公用系统设备、管道安装焊接（工艺水管道、工业水管道、压缩空气管道等），以及溢流箱制作、安装，滤液箱制作、安装，清水箱制造、安装等。

（一）现场抽查要点

火力发电厂脱硫系统的焊接施工质量验评工程除执行《电力建设施工质量验收及评价规程 第 7 部分：焊接》DL/T 5210.7 外，还应按《发电厂烟气脱硫工程施工质量验收及评定规程》DL/T 5417 中焊接工程分类和质量检查、检验项目及数量中相关内容执行。同时依据《火电厂烟气脱硫吸收塔施工及验收规程》DL/T 5418，脱硫吸收塔预制、组装焊接、无损检测等按照规程执行。

1. 抽查焊接接头外观质量情况

抽查吸收塔预制（底板、壳体板、顶板、底板）焊缝外观质量，对吸收塔预制环向、纵

向焊缝外观质量全部检查，对吸收塔支撑梁安装焊缝外观质量要求全部进行检查。

抽查烟道制作、安装焊缝质量，抽查平台、扶梯焊缝质量。

焊接接头外观检验一般采用目测，必要时使用焊缝检测尺、3～5 倍放大镜等进行抽查。焊接质量检查人员应根据图纸要求对焊接部件进行宏观的尺寸检验，检验比例按规程规定进行，填写焊接接头表面质量验评表和焊接分项工程综合质量等级评定表。

2．抽查焊接接头无损检测情况

焊接接头无损检验方法按照设计要求进行检验，如设计无规定时按照规程规定进行，根据现场外观检查情况，必要时抽查以下检测实施情况：

（1）吸收塔底板的 T 形焊缝的磁粉或着色检测，底板对接焊缝的超声检测。

（2）吸收塔壁板对接焊缝，纵向焊缝与环形焊缝的 T 形接头处的射线检测或超声检测。

（3）吸收塔内承重梁的对接焊缝的射线或超声检测，塔内承重梁与壁板之间的角焊缝的磁粉或着色检测。

（4）核查焊接修复后的无损检测及加倍检测情况。

核查脱硫焊接工程的焊接接头检测数量、比例、方法情况，根据焊接接头编号现场抽查焊接接头无损检测的标识痕迹，核对现场无损检测比例，以及无损检测抽样分布的代表性等，验证检测是否符合标准要求。

3．抽查光谱分析情况

核查合金部件是否进行了光谱分析，针对现场查看光谱分析痕迹等。

（二）资料检查要点

（1）抽查脱硫工程施工组织设计、吸收塔安装焊接技术方案、增压风机安装作业方案、GGH 安装作业方案等是否经审批并贯彻执行以及技术交底签字情况。

（2）依据焊接专业质量项目划分表，抽查脱硫烟道、工艺水管道、冷却水管道、压缩空气管道焊接分项工程综合质量验收评定表、焊接工程质量分批验收记录表、焊接工程外观质量测量检查记录表。

（3）依据《火电厂烟气脱硫工程施工质量验收及评定规程》DL/T 5417，核查脱硫焊接专业质量验收项目划分的合理性和验收项目的全面性及符合性。

（4）抽查焊接工艺评定一览表、工艺评定报告是否覆盖脱硫所有焊接作业，抽查焊接工艺卡是否符合焊接工艺评定及焊接作业指导书要求。

（5）依据焊接记录或检验批相关记录，抽查焊接、无损检测人员资格是否满足要求。

（6）依据焊接记录或检验批等相关记录，抽查焊接材料质量证明文件适应性和可追溯性。

（7）抽查脱硫检测一览表中的无损检测报告，抽查检验的委托与检验报告内容的一致性，检测报告中执行标准、验收级别、检测方法、检测工艺、评定结论等的准确性，重点关注返修缺陷处理的报告。

抽查脱硫系统焊接接头无损检测工艺卡与报告中检测工艺参数的对应性、一致性，报告结论的准确性。

（8）抽查光谱分析报告情况。抽查合金钢管及焊接接头材质的光谱复查报告，是否符合要求。

四、脱硝装置

脱硝工程焊接主要工作包括脱硝钢架、原锅炉钢结构加固补强钢结构安装，SCR 系统设备与管道安装（SCR 反应器、SCR 反应器附属设备、烟道、汽水管道吹灰器等），压缩空气设备和管道安装，氨系统设备和管道安装。

依据《火电厂烟气脱硝工程施工验收技术规范》DL/T 5257 中相关条款规定，火力发电厂烟气脱硝工程机务工程的设备安装施工应符合《机械设备安装工程施工及验收通用规范》GB 50231 及《锅炉安装工程施工及验收规范》GB 50273 的有关规定。火力发电厂烟气脱硝工程机务工程的管道安装施工应符合《工业金属管道工程施工规范》GB 50235 的有关规定。

（一）现场抽查要点

1. 抽查焊接接头外观质量情况

脱硝钢结构焊缝根据所在部分的载荷性质、受力状态，工况和重要性分类为 II、III 类进行，不同类别的质量检测要求比例不同。焊缝外观质量检查验收的要求也不同，施工时严格按照《火力发电厂焊接技术规程》DL/T 869 和《电力建设施工技术规范 第 2 部分：锅炉机组》DL 5190.2 中有关规定执行。现场主要抽查脱硝钢结构、锅炉加固补强钢结构焊缝外观检查。

烟道、反应器壳体及其膨胀节安装符合《电力建设施工技术规范 第 2 部分：锅炉机组》DL 5190.2 中有关规定执行。并抽查反应器、进出口烟道、灰斗预制、安装焊缝外观质量。

氨系统管道安装、试压、吹扫除符合《电力建设施工技术规范 第 5 部分：管道及系统》DL 5190.5 有关规定外，还应根据《电力建设施工技术规范 第 2 部分：锅炉机组》DL 5190.2 中有关规定，必要时现场抽查以下项目：

（1）氨系统管道的焊缝漏点修补次数不得超过两次，否则应割去换管重焊，管道连接法兰或焊缝不得设于墙内或不便检修之处。

（2）液氨管道焊接接头应进行 100%无损检测。

根据《火力发电厂焊接技术规程》DL/T 869 相关要求，抽查氨区箱罐设备与管道焊接接头外观质量、焊接接头无损检验比例、合金焊缝合金成分。

2. 抽查焊接接头无损检测情况

对照焊接工程检测一览表中的焊接接头检测数量、比例、方法情况，根据焊接接头编号现场抽查焊接接头无损检测的标识痕迹，核对现场无损检测比例，以及无损检测抽样分布的代表性等，验证检测是否符合标准要求。

3. 抽查光谱分析情况

核查合金钢管道、管件及焊缝是否进行了光谱分析，现场查看光谱分析痕迹等。

（二）资料检查要点

1. 抽查验证焊接工程项目验收资料、焊接技术文件及人员资质情况

抽查脱硝工程专业施工组织设计、钢结构安装焊接施工技术方案、反应器和烟道、氨区设备管道安装焊接施工作业方案等是否经审批并贯彻执行，技术交底签字是否齐全规范。

抽查焊接工艺评定一览表、工艺评定报告是否覆盖脱硝全部焊接工作，抽查焊接工艺卡是否符合焊接工艺评定及焊接作业指导书要求，现场抽查焊工的持证情况。

依据《火电厂烟气脱硝工程施工验收技术规范》DL/T 5257，核查焊接专业质量验收项目划分的合理性和验收项目的全面性。

依据焊接专业质量项目划分，抽查脱硝钢结构、加固补强钢结构、反应器、进出口烟道、氨区管道焊接分项工程综合质量验收评定表、焊接工程质量分批验收记录表、焊接工程外观

质量测量检查记录表，热处理记录及曲线。

依据焊接记录或检验批相关记录，抽查焊接、热处理、无损检测人员资格是否满足要求。

依据焊接记录或检验批相关记录，抽查焊接材料质量证明文件适应性和可追溯性以及焊接质量管理制度适应性。

2. 抽查无损检测报告情况

抽查脱销系统检测一览表中的无损检测报告，抽查检验的委托与检验报告内容的一致性，检测报告中执行标准、验收级别、检测方法、检测工艺、评定结论等的准确性，重点关注返修缺陷处理的报告。

抽查脱销系统焊接接头无损检测工艺卡与报告中检测工艺参数的对应性、一致性，报告结论的准确性。

3. 抽查光谱分析报告情况

抽查合金钢管及焊接接头材质的光谱复查报告，是否符合要求。

第三章

主要质量管理资料监督检查

在建设工程中，工程资料是建筑工程合法身份与合格质量的证明文件，是建设施工中的一项重要组成部分。在形式上，它可以是文字、图表、图纸、声像等不同媒体。在内容上，它包括工程管理资料、工程质量控制资料、工程安全和功能检验资料及主要功能抽查记录、工程验收资料。随着电力工程建设的迅速发展，电力建设市场的不断规范，注重工程资料的管理尤为重要。建设工程资料的作用是对整个工程的各个环节，各个阶段记录的记载。

工程资料是建设施工中的一项重要组成部分，是反映建设工程质量和工作质量状况的重要依据，是评价建筑、安装工程质量的重要依据，是工程建设及验收的必备条件，也是建设单位工程在日后维修、扩建、改造的重要档案材料，建设工程资料工作是工程建设过程的一部分，应纳入建设全过程管理并与工程建设同步。应集中统一管理工程全过程的技术档案资料，对工程文件材料的形成、积累、收集、归档工作进行监督、检查，完成工程技术档案资料的接收和移交。

因此焊接工程质量管理资料的监督检查是工程质量监督检查的重要组成部分，其检查的结果，将有力地反映整个焊接工程及其检测的管理状态。一般从施工管理、检测试验管理以及验收管理这三个方面去检查。

第一节 焊接施工管理

焊接工程的施工是整个项目的具体实施阶段，这一过程的管理控制，将直接影响到工程的各个方面，如：进度、质量、安全、造价等，是工程质量的基础，焊接施工贯穿于电力工程建设的全过程，焊接工艺是一项重要的安装工艺，它直接关系到工程质量、建造速度以及投产的安全运行；同时也对电力工程设备系统以后的安全、稳定、长期运行产生深远的影响。而伴随焊接施工的关键是焊接工程的管理问题，搞好焊接管理，保证焊接质量，对电力整体工程优质高效起着至关重要作用。

在电力焊接施工过程中，搞好各项管理工作不仅能有效地保证焊接质量，而且能够加快工程建设进度，从而提高经济效益。焊接管理工作一直贯穿于焊接过程的每一个环节。对施工管理的监督检查一般从组织机构及人员配置、施工机具及检测设备管理、设备材料管理、专业施工管理、绿色施工管理等几个方面进行。

一、组织机构及人员配置

焊接质量的形成受到焊接各类人员（焊工、焊接质检员、焊接检验人员、热处理人员和焊接技术人员）的共同作用，他们是形成工程质量的主要因素。因此要控制施工质量，不但要注重焊接技术人员和焊工的培养，也应注重其他各类焊接人员的管理和培养。管理各类人员的组织机构是完成焊接工程支撑框架，组织机构的合理配备、顺畅运行是关键。组织机构中人员是机构框架中关键因素，各类焊接人员要精通焊接技术和业务，需要相应的资质和能力，才能保证工程焊接质量。

（一）组织机构

因为组织机构是完成焊接工程管理的基本保障，组织职能作为一项管理职能是指在组织目标已经确立的情况下，在检查过程中核查确认，实现组织目标所必需进行的各项业务活动加以分类组合，并根据管理宽度原理，划分出不同的管理层次和部门，将各类质量活动所必需的职权授予各层次、各部门的主管人员，以及规定这些层次和部门间的相互配合关系。

施工单位工程项目焊接工程组织机构一般划分为两个层次，即管理层、作业层，每个层次配备满足需要的各类人员，描述项目组织机构的设置（包括必要的专业管理和监督网络的设置）和其职责、权限、分工以及接口之间的关系和进行内部沟通的方式。才能保证组织机构的职能贯彻实施，从而实现焊接工程质量管理的顺畅运行。例如施工单位工程项目部组织机构如图 3-1 所示。

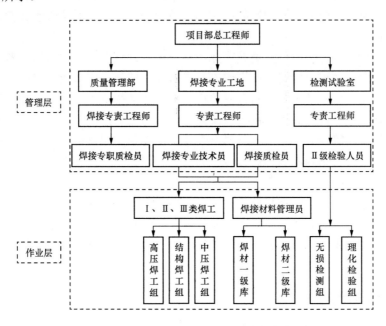

图 3-1　施工单位工程项目部组织机构图

（二）人员配备

焊接工程的人员配置主要涉及监理单位、施工单位的人员配备，检查监理、施工单位的专业人员配备是否满足工程的需求。

1．监理单位

审查焊接专业监理工程师的监理资格证，主要核查监理工程师的从事专业、有效日期是否满足监理工作的需求，若没有单独配备检测监理工程师，还应核查焊接监理工程师是否具有从事无损检测的工作经历见证。

2．施工单位

项目部根据焊接工程项目需求，配备项目部焊接专责工程师、工地焊接技术人员、焊接质量检查员、焊工、焊接材料库管理人员、焊接热处理人员等，监督检查项目部各类焊接人员有关的职称资格、专业资格证、从事专业、有效日期，核查岗位职责明确、责任清晰情况。

参加焊接专业施工及管理的人员，如焊接专责工程师、焊接质量检查人员、焊工、热处理人员等，必须持证上岗。与焊接专业施工有关的特种作业人员参加作业时，必须报监理、业主审批、查验、备案，得到认可后才能进场作业。

（1）项目部焊接专责工程师。焊接专责工程师因负责焊接、检验及热处理施工作业指导书以及技术方案措施的审核及监督实施，主持焊接、检验及热处理施工过程的质量检查和验收工作，应核查其焊接专业技术职称的证明资料，焊接专业质检人员资格证。质量验收文件由焊接专责工程师签字。

（2）工地焊接技术人员。工地焊接技术人员因编制焊接专业施工组织设计，拟定焊接技术措施，参与焊工技术培训，焊接工艺评定，编制焊接作业指导书，参与制定焊工培训方案工作，应核查其焊接专业技术职称的证明资料。

（3）焊接质量检查员。焊接专业质量检查员参加焊接、检验及热处理施工过程的质量检查和验收工作，应持有电力行业颁发的在有效期内的资格证书。质量验收文件、记录应由焊接专业质量检查员签字。

（4）焊工。焊工即焊接操作人员属特殊工种人员。须经主管部门培训、考核合格，掌握操作技能和有关安全知识，发给焊接操作人员资格证，持证上岗作业。未经培训、考核合格者，不准上岗作业。持证焊工如中断合格项目焊接工作六个月以上者，再次担任该项焊接工作时，必须重新考核；持证焊工不得担任超越其合格项目的焊接工作。

（5）焊接材料库管理人员。焊接材料库管理人员需做好焊接材料入库前的检查和验收工作，填写验收记录，必须熟悉各种焊接材料的烘干、保管和使用要求，必须经培训合格后持证上岗。

（6）焊接热处理人员。焊接热处理人员负责编制焊接热处理施工方案，作业指导书等技术文件，严格按热处理技术规程，热处理施工方案和作业指导书规定进行工作，收集、汇总、整理焊接热处理资料等，所以热处理人员必须经电力行业培训合格后，持热处理人员资格证上岗。

二、焊接机具管理

随着施工现代化程度的提高，焊接机具的优劣直接影响到焊接工程质量和施工的进度。焊接机具控制的主要内容为编制机具计划；进场验收、保养和维修；验证器具的精度要求和检定或校准状态；监督检查时焊接机具主要抽查管理台账、操作手册、维护使用记录、计量器具的检定一览表、检定或校验证书。

（一）工器具

焊接专业工器具是指按照焊接工作需要由专业保管使用的工器具及仪表。焊接工器具主要包括手工工具的钳子、手锤、锯条、扁铲，电动工具的角向砂轮机、直向砂轮机，气动工具的气动直向砂轮机，安全工具的安全带、绝缘鞋，焊接工具的焊把、焊枪、氩弧焊把、割把、焊接材料保温桶等。

热处理专用工器具主要包括手工工具的钳子、手锤、试电笔、万用表，安全工具的安全带、绝缘鞋等。

监督抽查专用工器具进场使用合格证书，使用维护和定期校准台账，现场抽查专用工器具的完好情况，标识情况。

（二）计量器具及检测仪器

焊接专业测量工具氧气表、乙炔表、氩气表、电流表、电压表、直尺、焊缝检测尺等。热处理测量工具的电流表、电压表、万用表、红外线测温仪、直尺、卷尺等。

核查和抽查测量、检测专用计量工器具的管理台账，检查是否按照按国家或行业法规、规程的规定执行检定或校验。抽查使用部门操作规程和保养维修制度。检测仪器必须在检定有效期内使用。计量器具台账中出厂合格证编号、检定日期、有效期等内容齐全与实际相对应。

三、焊接设备焊接材料管理

焊接施工过程中所用的焊接设备、烘干设备、热处理设备等，必须具有参数稳定、调节灵活、性能完好、满足焊接工艺要求和安全可靠的性能保证。所用的焊接材料主要包括焊条、焊丝、焊剂和保护气体等。质量监督检查时主要抽查焊接设备台账的管理情况，焊接设备的完好情况，焊接材料的验收、保管、发放、使用跟踪记录的管理情况。

（一）焊接设备

焊接设备根据焊接自动化程度可分为手工焊接设备和自动焊接设备。手工焊接设备主要有交直流焊机，CO_2 气保焊机，氩弧焊机，混合气体保护焊机等类型。自动焊接设备主要有半自动埋弧焊机、自动埋弧焊机。

按照焊接设备用途分为交流弧焊机、直流电焊机、氩弧焊机、二氧化碳保护焊机、对焊机、点焊机、埋弧焊机、高频焊缝机、闪光对焊机、压焊机、碰焊机、激光焊机。

1. 抽查核查电焊机的管理情况

根据工程的焊接施工组织设计，核查现场焊机布置位置及数量，抽查电焊机注册登记台账，登记包括焊机型号、固定资产编号等。抽查现场焊机的日常维护管理工作记录。现场抽查焊接设备的账务卡一致情况，还要核查抽查以下情况：

（1）现场抽查焊机接地是否规范，严禁私自接在钢结构上、钢结构节点板螺栓孔内、全厂接地网上、栅格板上、土建钢筋上等。

（2）电焊二次电源线与焊机连接，接地线与接地桩、焊机连接必须采用铜鼻子或快速接头，严禁铜丝直接缠绕。

（3）焊机附近严禁皮带线打结、乱拉、乱放、混乱不清、走向不明确。

（4）焊机的开启与关闭焊工应设置独立操作开关，严禁串联开关。

2. 核查热处理设备、烘干设备的使用情况

现场核查热处理设备的电流表、电压表、曲线记录仪、热电偶的计量检定标识及证书中的热电偶型号规格、检定的有效期限，抽查热处理温度显示与实测温度的误差情况，异常时的补救措施及记录。

焊条库核查焊条烘干设备的自动控温灵敏程度是否满足要求，热电偶的计量检定证书中的热电偶型号规格、检定的有效期限。

（二）焊接材料

焊接过程中的各种填充金属及为了提高焊接质量而附加的保护物质统称为焊接材料，焊接施工中广泛使用的焊接材料主要包括焊条、焊丝、焊剂和保护气体等。

抽查进入施工现场的焊接材料其材料合格证、质量证明书、使用说明书等相关资料。焊接材料在施焊前按材质、规格分批报监理单位进行检查验收。焊接材料的一级仓库和现场的焊接材料二级仓库的设施符合情况，焊接材料必须设专人保管，焊接材料的保管、烘烤、发放和回收要严格按照经批准的焊接材料管理规定执行。

1. 抽查焊接材料验收管理

（1）现场抽查包装检验情况，检验焊接材料的包装是否符合有关标准要求，是否完好，有无破损、受潮现象。

（2）质量证明书检验情况，对于附有质量证明书的焊接材料，核对其质量证明书所提供的数据是否齐全并符合规定要求。

（3）外观检查情况，检验焊接材料的外表面是否污染，识别标志是否清晰、牢固，与产品实物是否相符。

（4）成分及性能试验情况，根据有关标准或供货协议的要求，进行相应的试验。对于质量有怀疑的焊接材料，使用前进行必要的复验，复验内容包括焊接材料的化学成分、机械性能、扩散氢含量等。

2. 焊接材料的保管

（1）抽查在施工现场设立二级焊接材料库管理情况，二级焊接材料库必须设有除湿、恒温、通风及照明装置。

（2）抽查焊接材料库的存放管理情况，设置焊接材料堆放专用货架，货架离墙、离地要符合要求。

（3）抽查焊接材料库的环境情况，焊接材料库应保持适宜的温度及湿度。室内温度应在5℃以上，相对湿度不超过60%。室内应保持干燥、清洁，不得存放有害介质。

（4）抽查焊接材料的存放管理情况，品种、型号及牌号、批号、规格、入库时间不同的焊接材料应分类存放，并有明确的区别标志，以免混杂。

（5）抽查焊接材料的定期检查记录，定期对库存的焊接材料进行检查，并将检查结果作书面记录。

（6）抽查环境温度、湿度测试记录情况，焊接材料管理人员每天按时记录焊接材料库的温度及相对湿度状况，真实填写《焊接材料库温度及相对湿度记录》。焊接材料库相对湿度大于60%时，应采取相应去湿措施，如开去湿器、通风等。

3. 焊接材料烘烤

焊接材料在烘干及保温时应严格按有关技术要求执行，焊接材料在烘干时应排放合理、有利于均匀受热及潮气排除，烘干焊条时应注意防止焊条因骤冷骤热而导致药皮开裂或脱落。

（1）抽查焊条的烘干管理情况，不同类型的焊接材料原则上应分别烘干，若出现同炉烘干必须满足烘干规范相同；不同类型焊接材料之间有明显的标记，不至于混杂。

（2）抽查烘干后焊接材料的管理情况，烘干后的焊接材料应在规定的温度范围内保存，以备使用。若烘干后在常温下搁置4h以上，在使用时应再次烘干。

（3）抽查特殊焊接材料的烘干记录，核查不锈钢、耐热钢焊接材料重复烘烤次数一般不超过 2 次，碳钢焊接材料重复烘烤次数一般不超过 3 次。

（4）抽查焊接材料的烘干温度记录真实、可靠性，应特别注意记录焊接材料炉批号，注意可追溯性。是否满足烘干参数规定要求情况：

1）碳钢、低合金钢酸性焊条（E××01、E××03、E××20）烘烤温度为 120～150℃，保温时间 1～2h。

2）碳钢、低合金钢碱性焊条（E××15、E××16）烘烤温度为 350～400℃，保温时间 2h。

3）不锈钢焊条烘烤温度为 90～120℃，保温时间 1h。

4）碱性焊剂烘烤温度为 300～350℃，保温时间 2h。

5）酸性焊剂烘烤温度为 250℃，保温时间 2h。

4. 焊接材料发放与回收

现场抽查焊接材料发放与回收的焊接材料领用单、焊接材料发放记录、回收记录等的准确性，应特别注意记录焊接材料批号，注意可追溯性等。

（1）抽查焊接材料领用单的登记发放情况，焊工必须凭焊接责任师签发的焊接材料领用单，携带焊条保温筒和专用焊丝筒到焊接材料管理员处领用焊接材料。

（2）抽查焊接材料的领用数量情况，焊接材料的一次领用量不应超过该名焊工 4h 焊接的需用量。

（3）抽查同一个领用人的领用登记记录情况，焊接材料的焊接材料领用时一般一名焊工只能领用同一牌号的焊接材料，防止焊接材料错误使用。

（4）抽查剩余的焊接材料应回收情况，回收的焊接材料应满足下列条件：

1）标记清楚。

2）整洁，无污染。回收的焊接材料放在专门的位置。

四、专业施工管理

专业施工管理主要包括专业标准管理、专业技术管理、专业质量管理等几个方面。

（一）专业标准管理

1. 专业标准清单

建立满足焊接专业施工要求的专业标准清单，内容齐全，保证实施有效性，由施工单位编制，监理单位审核，建设单位审批，审批手续应规范。

专业标准清单主要为国家或行业现行的有关施工、管理或焊接专业法规、规程、规范等。

2. 焊接专业主要规范标准

《钢结构工程施工质量验收规范》GB 50205

《钢结构焊接规范》GB 50661

《钢结构工程施工规范》GB 50755

《气焊、焊条电弧焊、气体保护焊和高能束焊的推荐坡口》GB/T 985.1

《埋弧焊的推荐坡口》GB/T 985.2

《氩》GB/T 4842

《埋弧焊用碳钢焊丝和焊剂》GB/T 5293

《电力工业锅炉压力容器监察规程》DL 612

《电力建设安全工作规程 第1部分：火力发电》DL 5009.1

《电力建设施工技术规范 第2部分：锅炉机组》DL 5190.2

《电力建设施工技术规范 第3部分：汽轮发电机组》DL 5190.3

《电力建设施工技术规范 第4部分：热工仪表及控制装置》DL 5190.4

《电力建设施工技术规范 第5部分：管道及系统》DL 5190.5

《火力发电厂金属技术监督规程》DL/T 438

《电力钢结构焊接通用技术条件》DL/T 678

《焊工技术考核规程》DL/T 679

《火力发电厂锅炉汽包焊接修复技术导则》DL/T 734

《火力发电厂异种钢焊接技术规程》DL/T 752

《汽轮机铸钢件补焊技术导则》DL/T 753

《母线焊接技术规程》DL/T 754

《火力发电厂焊接热处理技术规程》DL/T 819

《焊接工艺评定规程》DL/T 868

《火力发电厂焊接技术规程》DL/T 869

《汽轮机叶片焊接修复技术导则》DL/T 905

《火电厂凝汽器管板焊接技术规程》DL/T 1097

《火电工程项目质量管理规程》DL/T 1144

《电力建设施工质量验收及评价规程 第2部分：锅炉机组》DL/T 5210.2

《电力建设施工质量验收及评价规程 第5部分：管道及系统》DL/T 5210.5

《电力建设施工质量验收及评价规程 第7部分：焊接》DL/T 5210.7

《焊接用二氧化碳》HG/T 2537

《焊接用混合气体 氩-二氧化碳》HG/T 3728

《焊接材料质量管理规程》JB/T 3223

《惰性气体保护电弧焊和等离子焊接、切割用钨铈电极》SJ/T 10743

（二）专业技术管理

施工组织专业设计、施工方案审批及执行情况是质量监督检查必不可少的一项内容。工程开工前，应编制专业施工组织设计（含交底）、作业指导书（含交底）、焊接分项工程质量验评划分表、制定焊接工艺评定等指导性文件。

1. 专业施工组织设计

焊接施工组织设计是开展焊接工程技术管理的总纲，完整的专业施工组织设计应包含以下内容：编制依据、工程概况、主要焊接工程量、焊接工艺评定、焊接技术措施的制定、焊工培训、施工进度及劳动力组织、施工工具计划、技术管理、质量管理、安全文明施工管理、绿色施工措施、风险控制、工程建设标准强制性条文、焊接施工方案/作业指导书一览表、焊接工程一览表等。专业施工组织设计对本专业的各项工作有着纲领性的指导作用。专业施工组织设计在经审批后，应及时组织有关施工负责人、技术人员和管理人员进行交底。

焊接专业施工组织设计在施工方案中应体现主要工序、特殊工艺的施工方法及强制性条文执行措施，如 Super304H 管道焊接、T/P91、T/P92 钢管道焊接，为防止根部氧化或过热，焊接时内壁必须充氩气保护，并确认保护有效。T/P91、T/P92 具有一定的空淬裂纹倾向及焊缝脆化，须焊前预热，并保持一定的层间温度及焊后进行热处理，焊接工艺参数宜采用小线能量施焊等，方能保证其焊接接头质量。在质量管理中应体现质量通病预控措施，如：小径管道安装焊接质量通病控制、支吊架焊接质量通病控制、烟风煤管道漏烟漏煤质量通病控制等，风险控制措施中必须明确防触电、防弧光辐射、防火灾等控制防预措施。

2. 专业施工方案/作业指导书

施工方案/作业指导书是依据施工组织设计要求，对专业工程施工而编制的具体作业文件，是施工组织设计的细化和完善。施工技术方案以专业工程为对象进行编制，制定专业工程施工工艺，部署专业工程资源、工期，明确健康、安全、环境和质量等要求。施工方案直接指导专业工程施工；保证专业工程施工质量和安全生产；配置专业工程资源，保证专业工程工期。

施工方案/作业指导书是根据一个施工项目指定的实施方案。其中包括组织机构方案（各职能机构的构成、各自职责、相互关系等）、人员组成方案（项目负责人、各机构负责人、各专业负责人等）、技术方案（关键技术预案、重大施工步骤预案等）、安全方案（安全总体要求、施工危险因素分析、安全措施、重大施工步骤安全预案等）、材料供应方案等。施工方案是根据项目确定的，有些项目简单、工期短就不需要制定复杂的方案。

（1）施工方案/作业指导书的编制原则。方案应有针对性和可操作性，能突出重点和难点，并制定出可行的施工方法和保障措施；方案能满足工程的质量、安全、工期要求。

（2）施工方案/作业指导书的编制依据。施工方案的编制依据包括施工组织设计、设计技术文件、供货方技术文件、施工现场条件、国家和行业相关标准规范、同类型工程项目施工经验等。

（3）施工方案/作业指导书的编制要点。工程概况、编制依据、开工条件（作业前的条件和准备）、作业程序和方法、施工技术措施、质量标准（包括工程建设强制性标准质量及安全；质量控制点的设置和质量通病及预防）、职业健康安全风险控制措施、安全文明施工策划与管理、环境管理措施、强制性条文实施、成品保护及其他的注意事项。当发现作业指导书发生不能满足现场实际工作时，应及时组织对作业指导书进行相应的修改并升版。

作业指导书在审批后，应及时组织所有参加施工的人员、技术人员和管理人员进行交底。作业指导书的交底应根据工程进展的不同阶段，编制不同的交底内容。

焊接专业施工方案/作业指导书一般按照分项工程，有时根据设备类别进行编制，以常规火力发电厂为例，包括但不限于以下内容：

1）锅炉钢结构安装焊接作业指导书；

2）一般支撑钢结构焊接作业指导书；

3）空气预热器焊接作业指导书；

4）电除尘焊接作业指导书；

5）脱硫焊接作业指导书；

6）水冷壁密封及附件焊接作业指导书；

7）焊接热处理施工作业指导书；

8）碳钢小径管道焊接作业指导书；

9）合金小径管道焊接作业指导书；

10）T91、T92管道焊接作业指导书；

11）Super304H焊接作业指导书；

12）HR3C（TP310HCbN）焊接作业指导书；

13）碳钢大中径管道焊接作业指导书；

14）合金大中径管道焊接作业指导书；

15）P91、P92管道焊接作业指导书；

16）循环水管道焊接作业指导书；

17）中低压管道焊接作业指导书；

18）热工仪表管焊接作业指导书；

19）油系统管道焊接作业指导书；

20）凝汽器组合安装焊接作业指导书；

21）凝汽器冷却管焊接作业指导书；

22）凝汽器与低压缸的连接焊接作业指导书；

23）配管管道焊接作业指导书；

24）封闭母线焊接作业指导书。

3. 技术交底管理

施工技术交底的目的是使管理人员了解和掌握所承担项目工程的概况、技术方针、质量目标、计划安排和采取的各种重大措施；使施工人员了解其施工项目的工程概况、内容和特点、施工目的，明确施工过程、施工办法、质量标准、安全措施、环保措施、节约措施等。

（1）交底的有关要求。

1）施工技术交底是施工工序中的首要环节,应认真执行,未经技术交底不得施工。

2）技术交底必须内容充实,具有针对性和指导性。要根据施工项目的特点、环境条件、季节变化等情况确定具体办法和方式,交底应注重实效。

3）工期较长的施工项目除开工前交底外,至少每月再交底一次（如锅炉水冷壁焊接、过热器焊接等）。

4）技术交底必须有交底记录,交底人和被交底人要履行全员签字手续。

（2）施工交底责任。技术交底工作由各级生产负责人组织，各级技术负责人交底。重大和关键施工项目必要时可请上级技术负责人参加，或由上一级技术负责人交底。各级技术负责人和技术管理部门应督促检查技术交底工作进行情况。

施工人员应按交底要求施工，不得擅自变更施工方法和质量标准。施工技术人员、技术和质量管理部门发现施工人员不按交底要求施工可能造成不良后果时应立即劝止，劝止无效则有权停止其施工，必要时报上级处理。必须更改时，应先经交底人同意并签字后方可实施。

施工中发生质量、设备或人身安全事故时，事故原因如属于交底错误由交底人负责；属于违反交底要求者由施工负责人和施工人员负责；属于是违反施工人员"应知应会"要求者由施工人员本人负责；属于无证上岗或越岗参与施工者除本人应负责任外，班组长和班组专职工程师（专职技术员）亦应负责。

（3）施工交底内容。焊接施工项目作业前，由专职技术人员根据施工图纸、设备说明书、已批准的施工组织专业设计和作业指导书等相关内容拟定技术交底提纲，并对施工人员进行交底。交底内容主要是施工项目的内容和质量标准及保证质量的措施，一般包括以下内容：

1）施工项目特点和施工内容以及所承担的工程量。

2）焊接前的条件和准备（包括：人员要求、作业环境要求、执行焊接工艺评定、焊接材料选用、坡口制备及组对要求等）。

3）作业程序和方法（包括：焊接方法和工艺、预热和层间温度控制、后热和焊后热处理）。

4）质量检验。按照焊接工程质量验收及质量等级评定规程，进行焊接工程质量验收及质量等级评定（包括：焊接接头外观检查、焊接接头的无损检测、焊缝金属光谱分析等）。

5）不合格焊接接头处理。

6）焊缝外观检查质量标准要求。

7）焊接接头的无损检测标准要求。

8）焊缝硬度合格标准要求。

9）安全文明施工保证措施，职业健康和环境保护的要求保证措施。

10）施工记录的内容和要求。

11）其他施工注意事项。

（三）专业质量管理

焊接专业质量管理过程中质量监督主要检查：是否在开工前编制了焊接分项工程质量验评划分表和焊接工程一览表，其中焊接分项工程质量验评划分表和焊接工程一览表是否能够覆盖全部焊接工程并符合设计图纸及相关标准要求。范围划分、工程质量控制点是否正确，焊接施工过程中的记录、验评、台账是否及时、齐全，焊接过程控制中发现的不符合项及其闭环情况。

1. 焊接分项工程质量验评划分表

焊接工程质量检查、验收应由施工单位根据所承担的工程范围，编制本工程的焊接分项工程质量验评划分表，经监理单位进行审核、建设单位确认后，由施工、监理及建设单位三方签字、盖章批准执行。

凡汽轮机、锅炉、管道、加工配置及其他专业工程验评中规定焊接为"主控"性质的，应单独作为分项工程组织质量验评，验评结果参加相应专业的分项（分部或单位）工程的质量验评。对焊接分项工程质量验评划分表与工程实际检验项目不符合的部分可进行增加或删减的更新，形成最终版本。

2. 焊接工程一览表

焊接专业应根据所承担的工程范围、合同、设计图纸、相关的规程规范等资料编制本工程焊接工程一览表，一览表应清晰、完整，包括项目名称、工程参数、焊接接头编号、材质规格、坡口型式、焊接接头位置、焊接接头数量、焊接方法、填充材料、预热和热处理工艺参数、无损检验等，典型表式详见表3-1。

表 3-1　　　　　　　　××××工程#1 机组受监焊接接头焊接质量统计表

日期：　　　年　　月　　日

序号	项目名称	工作参数		焊接工程类别	母材型号		焊接接头数量		焊接工艺				热处理工艺				外观检查	无损检测及理化检验（%）									备注
		工作压力	工作温度		材质	规格	分项	总计	坡口形式	预热方法	焊接方法	焊接材料	预热温度	升降温速度	恒温温度	恒温时间		超声检测		射线检测		光谱	表面检测	硬度检验	返修当量数	一次检验合格率（%）	
																		应检当量数	一次合格当量	应检当量数	一次合格当量						
一、	锅炉部分																										
1	省煤器	17.9	382	A-1	SA-210C	φ38×5.6	2160	2160	V		GTAW	J50					100	540	562	540	589				8	99.3	
	前包墙过热器	17.5	425	A-1	T12	φ44.5×8.1	411	411	V	火焰	GTAW	R30/R307	150				100	30	40	176	188		10		2	99.1	
2	后包墙过热器	17.5	425	A-1	T12	φ44.5×8.1	822	822	V	火焰	GTAW	R30/R307	150				100	206	263	206	228		10		3	99.3	
	侧包墙过热器	17.5	425	A-1	T12	φ44.5×8.1	450	450	V	火焰	GTAW	R30/R307	150				100			225	249		10		2	99.1	
	FBHE1（外置式换热器）左侧																										
3	蒸发屏	18.1	357	A-1	16M3	φ57×8	416	832	V		GTAW	GT.MO					100	104	113	104	155		10		0	100	
	蒸发屏	18.1	357	A-1	16M3	φ51×8	416		V		GTAW	GT.MO					100	104	112	104	155		10		0	100	
4	过热屏	17.5	540	A-1	X10CrMoVNB9-1	φ51×8.8	512	512			GTAW	9CrMoV-N	150	150	760	1	100	128	145	128	176	5	10		0	100	
5	前包强水冷壁	17.9	355	A-1	16M3	φ38×6.3	89	1612			GTAW	GT.MO					100			45	50		10		0	100	

3. 焊接工程质量控制点

质量检查控制点（S 点、W 点、H 点）是指在工序管理中根据某道工序的重要性和难易程度而设置的关键工序质量控制点，这些控制点不经质量检查不得转入下道工序。其中 W 点为见证点，S 点是旁站点，H 点为停工待检点。焊接施工过程分焊前准备、现场焊接以及焊后检验等过程，表 3-2 为 660MW 项目焊接工程质量控制计划的典型表式。

表 3-2　　　　　　　　　　　**660MW 项目焊接工程质量控制计划表**

序号	项目/检查类型	检查方法	参考文件	记录形式	控制点类型		
					H	W	S
1	焊前准备						
1.1	焊接技术规范及验评标准批准	文件	电力建设及验收技术规范	文件	H		
1.2	焊接专业施工组织设计批准	文件	电力行业标准质量保证程序	签证	H		
1.3	分项工程专业作业指导书批准	文件	电力行业标准质量保证程序	签证	H		
1.4	焊工热处理工资格认证	资格证件	电力建设及验收技术规范	记录单	H		
1.5	焊接消耗性材料的审批	文件	焊接工艺程序	合格证件	H		
1.6	焊接及热处理设备的检查	目测/测量	操作说明	记录单	H		
2	现场焊接						
2.1	焊口对口检查	目测	焊接程序	记录单			S
2.2	焊前预热	温度	焊接程序	记录单/曲线图		W	
2.3	焊口施焊	目测	焊接程序	记录图			S
2.4	焊后热处理	温度	焊接程序	曲线图		W	
3	焊接检验						
3.1	焊后自检	目测	验评标准	自检记录		W	
3.2	焊缝表面工艺验证	目测	验评标准	验评表		W	
3.3	无损检测	射线检测	检测要求	底片		W	
3.4	无损检测	超声检测	检测要求	记录单		W	
3.5	无损检测	渗透检测		记录单		W	

注　H 点——停工待检点；S 点——旁站点；W 点——见证点。

4. 施工质量问题台账

施工单位除了做好对施工质量问题的整改工作，保留好施工原始记录外，各级质量检查部门还必须完成过程质量问题控制记录。对监理单位提出质量问题通知单进行回复、闭环，形成完整的施工质量问题台账。

五、焊接绿色施工管理

绿色施工是指工程建设中，以保证质量、安全等为前提，利用科学的管理方法和先进的技术，最大限度地节约资源与减少对环境负面影响的施工活动，实现节能、节地、节水、节材和环境保护（四节一环保）。绿色施工总体框架由施工管理、环境保护、节材与材料资源利用、节水与水资源利用、节能与能源利用、节地与施工用地保护六个方面组成。其中施工管理主要包括组织管理、规范管理、实施管理、评价管理和人员安全与健康管理五个方面。

（一）绿色施工管理

1. 组织管理

（1）建立绿色施工管理体系，并制定相应的管理制度与目标。

（2）项目经理为绿色施工第一责任人，负责绿色施工的组织实施及目标实现，并指定绿色施工管理人员和监督人员。

2. 规划管理

（1）编制绿色施工方案。该方案应在施工组织设计中独立成章，并按有关规定进行审批。

（2）绿色施工方案应包括以下内容：

1）环境保护措施，制定环境管理计划及应急救援预案，采取有效措施，降低环境负荷，保护地下设施和文物等资源。

2）节材措施，在保证工程安全与质量的前提下，制定节材措施。如进行施工方案的节材优化，建筑垃圾减量化，尽量利用可循环材料等。

3）节水措施，根据工程所在地的水资源状况，制定节水措施。

4）节能措施，进行施工节能策划，确定目标，制定节能措施。

5）节地与施工用地保护措施，制定临时用地指标、施工总平面布置规划及临时用地节地措施等。

3. 实施管理

（1）绿色施工应对整个施工过程实施动态管理，加强对施工策划、施工准备、材料采购、现场施工、工程验收等各阶段的管理和监督。

（2）应结合工程项目的特点，有针对性地对绿色施工作相应的宣传，通过宣传营造绿色施工的氛围。

（3）定期对职工进行绿色施工知识培训，增强职工绿色施工意识。

4. 评价管理

（1）结合工程特点，对绿色施工的效果及采用的新技术、新设备、新材料与新工艺，进行自评估。

（2）成立评估小组，对绿色施工方案、实施过程至项目竣工，进行综合评估。

5. 人员安全与健康管理

（1）制定施工防尘、防毒、防辐射等职业危害的措施，保障施工人员的长期职业健康。

（2）合理布置施工场地，保护生活及办公区不受施工活动的有害影响。施工现场建立卫生急救、保健防疫制度，在安全事故和疾病疫情出现时提供及时救助。

（3）提供卫生、健康的工作与生活环境，加强对施工人员的住宿、膳食、饮用水等生活与环境卫生等管理，明显改善施工人员的生活条件。

（二）环境保护技术要点

1. 扬尘控制

（1）运送垃圾、设备及建筑材料等，不得损坏场外道路。运输容易散落、飞扬、流漏的物料的车辆，必须采取措施封闭严密，保证车辆清洁，施工现场出入口应设置洗车槽或自动冲车装置。

（2）采取洒水、覆盖等措施，达到作业区目测扬尘高度小于1.5m，不扩散到场区外。

（3）施工现场非作业区达到目测无扬尘的要求。对现场易飞扬物质采取有效措施，如洒水、地面硬化、围挡、密网覆盖、封闭等，防止扬尘产生。

2. 噪声与振动控制

（1）现场噪声排放不得超过国家标准《建筑施工场界噪声限值》GB 12523、《城市区域噪声标准》GB 3096、《工业企业厂界噪声标准》GB 12348 的规定。

（2）在施工场界对噪声进行实时监测与控制。监测方法执行国家标准《建筑施工场界噪声测量方法》GB 12524。

（3）使用低噪声、低振动的机具，采取隔音与隔振措施，避免或减少施工噪声和振动。

3．光污染控制

（1）尽量避免或减少施工过程中的光污染。夜间室外照明灯加设灯罩，透光方向集中在施工范围。

（2）电焊作业采取遮挡措施，避免电焊弧光外泄。

4．水污染控制

（1）施工现场污水排放应达到国家标准《污水综合排放标准》GB 8978 的要求。

（2）在施工现场应针对不同的污水，设置相应的处理设施，如沉淀池、隔油池、化粪池等。

5．土壤保护

（1）沉淀池、隔油池、化粪池等不发生堵塞、渗漏、溢出等现象。及时清掏各类池内沉淀物，并委托有资质的单位清运。

（2）对于有毒有害废弃物如电池、墨盒、油漆、涂料等应回收后交有资质的单位处理，不能作为建筑垃圾外运，避免污染土壤和地下水。

6．不断提高现场"工厂化"施工水平

（1）安装专业的各类管道配制加工以及各种钢构件制作应尽量在场外配制，运进厂内进行吊装组合。

（2）制定施工防尘、防毒、防辐射等职业危害的措施，保障施工人员的长期职业健康。

（3）对于容易出现对施工人员的身体造成伤害的射线检测、油漆保温、装饰材料等施工，需制定相应的防尘、防毒、防辐射等职业危害的措施，并加大对其过程的注意事项的监管力度，保障施工人员的职业健康。

7．节材措施

（1）根据施工进度、库存情况等合理安排焊接材料的采购、进场时间和批次，减少库存。

（2）焊接材料堆放有序，储存环境适宜，措施得当。保管制度健全，责任落实。

8．提高用水效率

（1）施工用水必须装设水表，生活区和施工区应分别计量，并进行分析、对比，提高节水率。

（2）施工区域洒水扫地时，应用二次回收水。

9．节能措施

（1）优先使用国家、行业推荐的节能、高效、环保的施工设备和机具，如选用变频技术的节能施工设备等。

（2）施工现场分别设定生产、生活、办公和施工设备的用电控制指标，定期进行计量、核算、对比分析，并有预防与纠正措施。开展用电、用油计量。

（3）室外照明宜采用高强度气体放电灯，办公室等场所宜采用细管荧光灯，生活区宜采用紧凑型荧光灯。

（4）施工用电必须装设电表，生活区和施工区应分别计量；用电电源处应设置明显的节约用电标识。

10．机械设备与机具

（1）建立施工机械设备管理制度，完善设备档案，及时做好维修保养工作，使机械设备保持低耗、高效的状态。

（2）选择功率与负载相匹配的施工机械设备，避免大功率施工机械设备低负载长时间运行。机电安装可采用节电型机械设备，如逆变式电焊机和能耗低、效率高的手持电动工具等，以利于节电。机械设备宜使用节能型油料添加剂，在可能的情况下，考虑回收利用，节约油量。

（3）合理安排工序，提高各种机械的使用率和满载率，降低各种设备的单位耗能。

第二节　金属检测管理

在电力工程施工过程中，金属检测对于控制材料、焊接接头等质量是一种非常有效和可靠的手段。金属检测是保证施工质量的关键，也是贯穿整个施工的过程，所以金属检测的质量直接关系到工程质量。针对金属检测监督检查的目的是确保提供准确的检测数据、出具正式的检测报告，验证金属检测的管理、检测能力及可靠性等。对金属检测在施工管理中监督检查的一般应从组织机构及人员配置、检测设备管理、专业检测管理、检测安全防护管理等几个方面进行。

一、组织机构及人员配置

（一）组织机构

建设单位和监理、施工项目部均应建立健全金属监督网络，设立金属监督组织机构，建立质量管理体系，并运行正常，才能满足工程建设管理需要。同时金属检测机构应该建立以检测试验技术、质量为核心的独立组织机构，从而保证检测试验结果的权威性、真实性、可靠性。

（二）人员配备

检查建设、监理、检测单位的专业人员配备是否齐全，正式文件中签字人员的持证情况。如果存在检测试验由第三方检测的情况，还应该抽查检测试验机构的相关证书以及人员配备。

1. 建设单位

建设单位配备的金属检测专业工程师，一般应具备中级及以上技术职称（或具备检测试验Ⅱ级资格证资格）。

2. 监理单位

监理项目部应配备金属检测专业监理工程师，应持有效的金属检测专业监理工程师资格证书（或具备检测试验资格证）。

3. 检测单位

（1）检测试验员。无损检测员及理化检验员应按照《电力工业无损检测人员资格考试规则》DL/T 675、《电力行业理化检验人员资格考核规则》DL/T 931规定取得相应资格证书或取得相关主管部门颁发的资格证书。

从事检测试验人员持证项目与从事的检测试验工作项目相一致，检测试验人员的种类及数量必须能满足工程检测试验项目的需要。

评定检测结果、审核签署检测报告的人员应由Ⅱ级或Ⅱ级以上人员承担。

（2）金属检测专责工程师。具有有效的任命文件，具有金属检测的工作经验，持有相应的检测试验资格证书。

4. 检测试验机构

现场检测试验机构已经通过能力认定并取得相应的证明文件，满足现场规定条件，并已报电力工程质量监督机构备案；从事检测试验人员必须持符合要求资格证上岗，与从事的检测试验工作项目相一致，检测试验人员的检测项目及数量需满足工程需要；检测仪器、设备检定合格，且在有效期内；检测依据正确、有效，检测报告及时、规范。

二、检测仪器设备管理

检测设备的先进性和完好率直接影响到施工的质量和进度。检测设备管理的主要内容为依据工程检测试验内容编制检测仪器设备配备计划；验证检测仪器、设备的精度要求和检定或校准状态；建立管理台账、制定操作规程、填写维护使用保养记录、保证仪器设备使用说明书齐全。施工阶段专业工程师根据工程进度需要编制仪器设备进场计划，并按计划进场时间安排各类设备陆续进场。

（一）检测仪器设备

检测设备的配置应满足开展的检测项目需求，仪器设备台账应与检测方案中的试验设备清单对应齐全。

主要的检测仪器设备有：便携式光谱分析仪、直读光谱分析仪、里氏硬度计、便携式金相显微镜、台式金相显微镜、工业 X 射线探伤机、γ 射线探伤机、黑度计、密度片、观片灯、射线报警器、个人剂量仪、X/γ 巡测仪、超声波探伤仪、超声波测厚仪、磁粉探伤机、涡流探伤仪等，开展金属检测工作前要对仪器设备进行监督抽查，仪器设备要有合格证、计量检定证书，使用维护和定期校准台账，现场抽查仪器设备的标识情况。

若发现计量检测设备偏离校准状态，应立即停用,重新校验核准。

（二）计量器具

金属检测专业强制性计量仪器设备有：直尺、红外线测温仪、秒表、里氏硬度试块、直读光谱分析仪、台式金相显微镜、密度片、超声波测厚仪等，但由于检测试验专业仪器设备的特殊性，不做计量的检测试验仪器设备要求有自检或自校记录，所以一般要求检测试验仪器全部进行计量。

核查和抽查检测试验用计量工器具的管理台账，检查是否按照国家或行业法规、规程的规定执行检定或校验。抽查操作规程和保养维修制度。检查检测仪器是否在检定有效期内使用。应建立计量器具台账，台账中应有检定证书编号、检定日期、有效期等内容并且与实际相对应。

金属检测的仪器设备在使用前必须进行报验，经过报验后仪器设备方可开展检测试验工作。

三、专业检测管理

专业检测管理的目的是规范各检测专业的检测过程，提高工程检测的技术水平。主要包括专业标准管理、专业技术管理、专业质量管理等方面的内容。

（一）专业标准管理

建立满足检测工作项目的专业标准清单，内容齐全，保证实施有效性，由检测单位编制，监理单位审核，建设单位审批，编审批手续应规范。

金属检测专业主要的标准、法规、规程、规范有：

《钢结构工程施工质量验收规范》GB 50205

《钢结构焊接规范》GB 50661

《金属熔化焊焊接接头射线照相》GB/T 3323

《钢管涡流探伤检测方法》GB/T 7735

《无损检测 接触式超声斜射检测方法》GB/T 11343

《无损检测 接触式超声脉冲回波法测厚方法》GB/T 11344

《焊缝无损检测 超声检测 技术、检测等级和评定》GB/T 11345

《无损检测 金属管道熔化焊环向对接接头射线照相检测方法》GB/T 12605

《无损检测 钢制管道环向焊缝对接接头超声检测方法》GB/T 15830

《无损检测 伽玛射线全景曝光照相检测方法》GB/T 16544

《金属里氏硬度试验方法》GB/T 17394

《金属材料 里氏硬度试验 第 2 部分：硬度计的检验与校准》GB/T 17394.2

《金属材料 里氏硬度试验 第 3 部分：标准硬度块的标定》GB/T 17394.3

《无损检测 表面检测的金相复型技术》GB/T 17455-2008

《无损检测 超声检测 超声衍射声时技术检测和评价方法》GB/T 23902

《焊缝无损检测 焊缝磁粉检测 验收等级》 GB/T 26952

《焊缝无损检测 焊缝渗透检测 验收等级》GB/T 26953

《电站锅炉压力容器检验规程》DL 647

《电力建设施工技术规范 第 2 部分：锅炉机组》DL 5190.2

《电力建设施工技术规范 第 3 部分：汽轮发电机组》DL 5190.3

《电力建设施工技术规范 第 4 部分：热工仪表及控制装置》DL 5190.4

《电力建设施工技术规范 第 5 部分：管道及系统》DL 5190.5

《汽轮发电机合金轴瓦超声波检测》DL/T 297

《火力发电厂金属技术监督规程》DL/T 438

《火力发电厂高温紧固件技术导则》DL/T 439

《在役电站锅炉汽包的检验及评定规程》DL/T 440

《火力发电厂高温高压蒸汽管道蠕变监督规程》DL/T 441

《汽轮机主轴焊缝超声波探伤规程》DL/T 505

《钢熔化焊 T 形接头和角接接头焊缝射线照相和质量分级》DL/T 541

《钢熔化焊 T 形接头超声波检测方法和质量评定》DL/T 542

《金相复型技术工艺导则》DL/T 652

《火电厂用 20 号钢珠光体球化评级标准》 DL/T 674

《电力工业无损检测人员资格考试规则》DL/T 675

《高温紧固螺栓超声检测技术导则》DL/T 694

《汽轮机叶片超声波检验技术导则》DL/T 714

《火力发电厂金属材料选用导则》DL/T 715

《汽轮发电机组转子中心孔检验技术导则》DL/T 717

《火力发电厂三通及弯头超声波检测》 DL/T 718

《火力发电厂锅炉汽包焊接修复技术导则》DL/T 734

《火力发电厂异种钢焊接技术规程》DL/T 752

《汽轮机铸钢件补焊技术导则》DL/T 753

《母线焊接技术规程》DL/T 754

《火电厂用 12Cr1MoV 钢球化评级标准》DL/T 773

《碳钢石墨化检验及评级标准》DL/T 786

《火力发电厂用 15CrMo 钢珠光体球化评级标准》DL/T 787

《火力发电厂焊接热处理技术规程》DL/T 819

《管道焊接接头超声波检测技术规程》DL/T 820

《钢制承压管道对接焊接接头射线检验技术规程》DL/T 821

《焊接工艺评定规程》DL/T 868

《火力发电厂焊接技术规程》DL/T 869

《火电厂金相组织检验与评定技术导则》DL／T 884

《汽轮机叶片焊接修复技术导则》DL/T 905

《汽轮机叶片涡流检验技术导则》DL/T 925

《整锻式汽轮机实心转子体超声波检验技术导则》DL/T 930

《电力行业理化检验人员资格考核规则》DL/T 931

《火力发电厂锅炉受热面管监督检验技术导则》DL/T 939

《火力发电厂蒸汽管道寿命评估技术导则》DL/T 940

《电力设备金属光谱分析技术导则》DL/T 991

《电站用 2.25Cr-1Mo 钢球化评级标准》DL/T 999

《火电厂凝汽器管板焊接技术规程》DL/T 1097

《电站锅炉集箱小口径接管座角焊缝无损检测技术导则》DL/T 1105

《超（超）临界机组金属材料及结构部件检验技术导则》DL/T 1161

《电力建设施工质量验收及评价规程 第 7 部分：焊接》DL/T 5210.7

《水电水利工程锚杆无损检测规程（附条文说明）》DL/T 5424

《承压设备无损检测》JB/T 4730

（二）专业技术管理

专业施工组织设计、施工方案/作业指导书审批及执行情况是质量监督检查必不可少的一项内容。工程开工前，应编制专业施工组织设计（含交底）、施工方案/作业指导书（含交底）等指导性文件。

1. 金属检测施工组织设计

金属检测施工组织设计在开展质量检测时能科学组织和规范管理检测过程，同时也是重要的质量管理手段，对各项工作有着纲领性的指导作用。金属检测施工组织设计内容应详实，主要应包括编制依据、被检测设备系统概况及特点、检测范围及项目、主要检测任务、检测人员计划、检测设备计划、技术管理、质量管理、安全文明施工管理、检测安全质量目标及保障措施、工程建设标准强制性条文、作业指导书一览表、检测管理制度一览表、安全体系管理网络、质量体系管理网络等。金属检测施工组织设计在审批后，应及时组织有关检测负责人、技术人员和管理人员进行交底。

金属检测施工组织设计在施工方案中应体现主要工序、特殊工艺的施工方法及强制性条文执行措施，如高合金钢管、汽轮机缸内部件进行光谱分析后要磨去引弧点；汽、水管道超声检测时要进行射线检测的抽检；凝汽器焊接后的渗透检测；母线焊接接头检测；现场金相检验；制氢站、燃油泵房、氨区等管道的检测等；在质量管理中应体现质量通病预控措施以及关键部位和特殊工艺的质量控制措施；风险控制措施中必须明确防电离辐射、防腐蚀、防中毒等控制防预措施。

2. 变更管理

金属检测变更管理主要包括检测方法变更、检测比例变更、设计材质与实际到货材质变更等几方面。

（1）检测方法变更。检测单位根据委托按照图纸中规定的相关规范进行金属检测，但当合同中规定要更改检测方法时，检测单位应按照合同规定执行。例如，DL/T869 中规定工作压力 $p \geqslant 22.13\mathrm{MPa}$ 的锅炉的受热面管子，进行 50%射线检测和 50%超声检测，但由于其他原因合同有时规定要进行 100%射线检测。此时在进行质量检查时就要依照合同要求进行相关的质量检查。

（2）检测比例变更。检测单位根据委托按照图纸中规定的相关规范进行金属检测，但当合同中规定要更改检测比例时，检测单位应按照合同规定执行。例如，DL/T869 中规定工作压力 $9.81\mathrm{MPa} \leqslant p < 22.13\mathrm{MPa}$ 的锅炉的受热面管子，进行 25%射线检测和 25%超声检测，但由于其他原因合同有时规定要进行 50%射线检测和 50%超声检测。此时在进行质量检查时就要依照合同要求进行相关的质量检查。

（3）设计材质与实际到货材质变更。检测单位根据委托按照图纸中的设计材质，对机组的合金钢部件进行光谱分析，在工作过程中往往出现实际设备的材质与设计材质不相符的现象发生，由此发生了不可预见性的材质变更。在出现类似事件时，检测单位、施工单位、监理单位、建设单位以及供货单位，及时做好材质变更手续。

3. 施工方案/作业指导书

施工方案/作业指导书是检测过程中重要的指导性文件，主要用以确定检测现场设备及系统应具备的基本条件、检测具体内容及程序、检测质量的检验标准等，使参加检测的有关人员明确此项检测的技术要求和责任、检测方法和步骤等，确保检测工作的安全顺利进行。

（1）施工方案/作业指导书的编制原则。方案应有可行性，能突出检测方法的重点和难点，并制定出可行的检测方法和保障措施；方案能满足工程的质量、安全、工期要求，并且施工所需的成本低。

（2）施工方案/作业指导书的编制依据。编制依据包括：施工合同、施工组织设计、设计技术文件、施工现场条件、国家和行业相关标准规范、同类型工程项目施工经验等。

（3）施工方案/作业指导书的编制要点。工程概况、适用范围、编制依据、人员要求、设备材料要求、被检测对象应具备的条件、检测时机要求、检测执行标准、检测技术等级、检测质量等级要求、检测程序和方法、检测技术措施、质量标准（包括工程建设强制性标准，质量及安全标准；质量控制点的设置和质量通病及预防）、职业健康安全风险控制措施、安全文明施工策划与管理、环境管理措施、强制性条文实施及其他的注意事项。当发现作业指导书不能满足现场实际工作时，应及时组织对作业指导书进行相应的修改。

施工方案/作业指导书在审批后，应及时组织所有参加检测的人员、技术人员和管理人员进行交底。作业指导书的交底应根据工程进展的不同阶段，编制不同的交底内容。

金属检测专业施工方案/作业指导书一般按照检测方法进行编制，有时根据设备的类别进行编制，以常规火力发电厂为例，包括但不限于以下内容：

1）射线检测作业指导书；

2）超声检测作业指导书；

3）磁粉检测作业指导书；

4）渗透检测作业指导书；

5）涡流检测作业指导书；

6）暗室处理作业指导书；

7）超声波测厚作业指导书；

8）光谱分析作业指导书；

9）金相检验作业指导书；

10）硬度检验作业指导书；

11）螺栓超声检测作业指导书；

12）轴瓦超声检测作业指导书；

13）中小径薄壁管超声检测作业指导书。

4. 技术交底

每一项检测项目实施之前进行全面的安全及技术交底工作。一方面可以使参与人员明确工作目标、内容和责任、检测过程的安全注意事项，另一方面对检测过程中的技术要点进行讲解和答疑。

技术交底的主要工作包括介绍检测措施、讲解检测应具备的条件、描述检测程序和验收标准、明确检测组织机构及责任分工、技术答疑等。

交底对象应包括管理人员、技术人员、检测人员等，交底应有签字记录。

5. 检测过程记录

检测记录是记录检测过程重要文件，主要包括被检测物体的状态、检测环境、检测时机的选择、检测仪器设备的选择、检测技术参数的选择，以及检测的原始数据等。

（1）检测前检测、施工、监理、建设、生产等单位应对检测条件进行检查确认，以便能够良好地开展检测工作。

（2）检测过程中检测、施工、监理等单位应进行过程记录，记录形式可以为图片、文字、表格等，以便形成完整的检测过程记录，确保检测的可靠性。

（3）检测后检测单位应根据原始记录信息以及质量评级标准等，对所检测对象及时出具正式文件，将检测结果反馈至施工、监理等单位。

（4）检测单位应对原始记录保存，已备查看。

6. 检测报告

检测报告是检测项目完成后的重要技术文件，是表明某项检测工作已完成的主要标志，设备安装完成后，检测单位应在规定时间内完成各项检测报告。检测报告应全面、真实反映检测过程和检测结果，结论明确。

检测报告应按照检测单位内部文件管理程序完成审批，通常检测报告编制人为检测单位专业检测人员；审核人为检测单位专业负责人；批准人为检测单位检测总工程师，并且加盖检测单位印章。

检测报告应包含下列内容：

（1）设备及系统简介、委托单位。

（2）检测时间、检测报告编号。

（3）被检物体的名称、编号、材料、状态等。

（4）检测所使用的仪器设备名称、编号等。

（5）检测示意图。

（6）检测及验收标准、检测的技术参数、检测结果。

（7）检测人员、审核人员、批准人员及其技术资格。

（三）专业质量管理

金属检测专业质量管理过程中质量监督主要检查：金属检测项目一览表的检测内容是否符合标准要求，检测专业的工程质量控制点，检测机构的资质、人员、设备情况，检测记录、报告是否及时、齐全，检测质量以及检测过程发现的不符合项及其闭环情况等。

1. 焊接工程检测项目一览表

金属检测专业应该根据合同、标准、焊接一览表、检测委托单等编制焊接工程检测一览表，一览表应该清晰、完整的描述机组的金属检测工作内容、比例、方法以及在检测过程中发现的问题等。

焊接工程检测一览表应该至少包括被检系统名称、零部件名称、规格、材质、数量、执行标准、验收规程/合同要求、检测方法、检测比例、不符合数量、闭环情况等。

2. 检测专业工程质量控制点检查项目

质量检查控制点（R点、S点、W点、H点）是指在工序管理中根据某道工序的重要性和难易程度而设置的关键工序质量控制点，这些控制点不经质量检查不得转入下道工序。其中W点为见证点，R点是文件见证点，S点是旁站点，H点为不可逾越的停工待检点。

金属检测工程质量控制点设置（R、S、W、H点），见表3-3。

表3-3　　　　　　　　工程质量控制点设置（R、S、W、H点）一览表

序号	控制项目名称	控制内容和目标值	提供文件R	旁站S	见证W	停工待检H
1	金相检验（微观）	符合标准要求	★	★		
2	高温紧固件超声检测	符合标准要求	★	★		
3	射线检测（工艺操作）	符合标准要求	★		★	
	射线检测（质量评定）	符合标准要求	★		★	
4	超声检测（灵敏度校准）	符合标准要求	★		★	
	超声检测（工艺操作）	符合标准要求	★		★	
5	磁粉检测	符合标准要求	★			
6	渗透检测	符合标准要求	★		★	
7	涡流检测	符合标准要求	★			

序号	控制项目名称	控制内容和目标值	提供文件 R	旁站 S	见证 W	停工待检 H
8	硬度检验（仪器校准）	符合标准要求	★		★	
	硬度检验（工艺操作）	符合标准要求	★	★	★	
9	光谱分析（半定量）	符合验收要求	★		★	
10	超声波测厚	符合验收要求	★		★	

3. 金属检测专业检测质量

金属检测专业在进行检测过程中不仅要提供可靠、有效的检测数据，同时也要保证检测方法符合标准要求，在质量监督过程中应该由专业质量监督工程师进行复查。例如，射线检测仪器设备是否具备一定的穿透力、射线检测底片质量是否符合要求、超声检测时灵敏度是否符合要求、渗透检测时是否使用的是同一系列的渗透检测剂等。

4. 被检对象质量问题

金属检测过程中常常发生被检对象出现质量问题，通常以无损检测和理化检验形式发现。无损检测通常发现的问题是焊接质量问题，理化检验通常发现的是金属材料本身的材质、性能方面的问题。

无损检测发现质量问题时，检测单位通常按检测单位的质量体系运行文件进行反馈，问题反馈至施工单位、监理单位、供货厂家等，按照不符合项进行处理。处理完成后采用发现问题时采用的无损检测方法进行检测。

理化检验发现质量问题时，检测单位通常按检测单位的质量体系运行文件进行反馈，问题反馈至施工单位、监理单位、委托单位等，理化检验发现问题时通常处理方式为材料代用，返厂处理等手段。处理完成后重新进行理化检验。

四、检测安全防护

金属检测专业在检测过程中，要做好检测安全防护工作，尤其是进行射线检测时一定要注意防止辐射事故发生，检测单位的安全防护应该符合《电离辐射防护与安全基本标准》GB 18871、《工业 X 射线探伤放射卫生防护标准》GBZ 117 的要求，通常在进行质量监督检查过程中从以下方面进行：

（1）检测单位是否具有省级环保部门颁发的《辐射安全许可证》，且证件有效。

（2）检测人员应持有符合要求的辐射防护资格证件。

（3）检测人员应该进行职业病检查，并且有体检报告。

（4）检测人员应该佩戴个人剂量仪/个人剂量笔、报警器等个人监测仪器设备。

（5）检测人员佩戴的个人剂量仪/个人剂量笔等需要定期进行监测。

（6）检测单位应该具有经过计量的辐射监测设备，例如，X/γ 辐射巡测仪等。

（7）检测单位应该严格管理防护用品，防护用品、仪器管理台账清晰、个人领用记录齐全，且签字清晰。

（8）检测单位应该编制检测安全防护管理制度、岗位职责、操作规程等。

（9）检测单位应该编制辐射应急预案，且有演练记录。

（10）检测单位在施工现场应该按使用的射线种类依据标准要求划分"监督区"、"控制区",且在检测过程中要采用警戒绳、报警灯等警示标识。

（11）检测现场如果需要采用放射性同位素进行检测的，还需要建立放射性同位素暂存库，且必须经过环保部门的验收。

（12）放射性同位素检测时还应该满足环保、公安等部门的其他要求。

第三节　验　收　管　理

验收是在施工单位自行质量检查评定的基础上，参与建设活动的有关单位共同对分项、分部、单位工程的质量进行抽样复验，根据相关标准以书面形式对工程质量达到合格与否作出确认。按照《电力建设施工质量验收及评定规程 第7部分：焊接》DL/T 5210.7、《电力建设施工质量验收及评价规程 第2部分：锅炉机组》DL/T 5210.2、《电力建设施工质量验收及评价规程 第3部分：汽轮发电机组》DL/T 5210.3、《电力建设施工质量验收及评价规程 第4部分：管道与系统》DL/T 5210.4、《电力建设施工质量验收及评价规程 第8部分：加工配制》DL/T 5210.8的规定进行验收，一般验收单位为施工单位、监理单位、建设单位，必要时设计单位、制造单位也可作为验收单位参与验收。

工程竣工验收是全面检查工程设计、设备制造、施工、检测和生产准备的重要环节，是保证机组安全、可靠投入运行前的关键性程序。工程竣工验收检查是在施工单位进行三级自检的基础上，由监理单位进行初检。初检后由建设单位会同运行、设计等单位进行预检。预检后由启委会工程验收检查组进行全面的检查和核查，必要时进行抽查和复查，并将结果向启委会报告。一般验收单位为施工单位、监理单位、建设单位，必要时设计单位、制造单位也可作为验收单位。

焊接工程质量应按焊接分项工程质量验评划分表规定的验收项目进行验收。即：分批验收和分项工程质量验收，同时参与机组关键过程验收活动（如：锅炉水压试验前、汽轮机扣盖前、厂用电系统受电前、机组整套启动试运前），随相应专业进行验收工作。隐蔽工程（地面组合工程）的验收应在隐蔽（吊装）前按验收批实施质量验收。焊接工作量较大或完成周期较长的焊接分项工程，可以按照工程实际需要在分项工程内划分验收批实施质量验收。划分验收批的分项工程在汇总验收批质量验收结果的基础上组织验收工作。

一、分批验收焊接验收组织、程序

（一）分批验收组织

一般由施工单位焊接班（组）长、二（作业层）三级（项目质量部门）质检人员、焊接技术人员、专业监理人员等组成，当有监理单位参加时应由监理单位组织，相关单位参加验收工作。

（二）分批验收程序

（1）施工单位内部的焊接工程质量分批验收，由二级质检员负责报审。施工单位项目质检部门组织焊接专业质检员，焊接班（组）长或焊接技术人员共同进行内部验收。通过现场检查、抽查检验报告，核对外观检查记录和查阅施工过程中的技术记录等，对有关内容进行确认。

（2）需要监理单位验收的项目（A类、B类、F类），由施工单位项目质量部门组织报验，由监理单位组织，施工单位焊接质检人员，焊接班（组）长或焊接技术人员共同进行，通过现场检查、抽查检验报告，核对外观检查记录和查阅施工过程中的技术记录等，对有关内容进行确认。或者根据施工单位形成焊接工程质量分批验收记录表的内容进行复查确认。

（3）焊接工程质量分批验收的现场检查，应按《电力建设施工质量验收及评定规程 第 7 部分：焊接》DL/T 5210.7 相关条款中焊接工程分类和质量验收评定抽查样本数量一览表规定的比例事先确定外观抽查的种类、数量和部位，由验收组成员共同至现场进行表面质量的外观检查，并做好记录。

（4）当施工单位按照焊接工程质量划分表完成焊接施工和各类检测试验任务后，并按本规定完成焊接工程分批检验工作后，提出申请，要求专业监理人员参加分批检验验收工作。分批验收结束后，填写焊接工程质量分批验收记录表并签证。

二、分项工程质量验收组织、程序

（一）分项验收组织

一般由施工单位焊接班（组）长、二（作业层）三级（项目质量部门）质检人员、焊接技术人员、焊接专业监理人员、建设单位专业主管等组成，必要时可要求建设单位参加，依据《电力建设施工质量验收及评定规程 第 7 部分：焊接》DL/T 5210.7 表焊接工程类别划分及验评各方职责分工一览表的相关规定进行验收。当有监理单位参加时应由监理单位组织，相关单位参加验收工作。

（二）分项工程质量验收程序

（1）施工单位内部组织的焊接分项工程验评，二级质检员负责报验。由施工单位项目质量部门组织焊接专业质检员、焊接技术人员和班（组）长共同进行。主要通过现场检查、抽查检验报告、核对分批验收记录和查阅施工过程中的技术记录等方式对有关内容进行确认。

（2）需要建设单位验评的分项工程,由施工单位项目质量部门组织报验，由建设单位（或监理单位）组织工程建设主体各方的相关人员共同进行。也可以根据分批验收质量状况,由施工单位申请两级验评合并进行。

（3）对表面质量测量检查数据和内部质量检验结果有争议的，可对各项检查、检验项目进行抽查。抽查应委托具有相应资质的机构进行，并应形成记录。

（4）分项工程验评结束后,按照《电力建设施工质量验收及评定规程 第 7 部分：焊接》DL/T 5210.7 中焊接分项工程综合质量验收评定表填写相关内容，并由参与验评的各方签证。

（5）见证点、停工待检点验收，由建设（监理）单位按"施工质量检验评定项目划分范围"事先明确检查内容和检查方式，施工单位按要求进行报检。

三、金属检测质量验收

检测质量的检查、验收应由检测单位根据合同约定的工程范围，锅炉部分材质化学成分、硬度等检测按照委托单位依据《电力建设施工技术规范 第 2 部分：锅炉机组》DL 5190.2、《火力发电厂金属技术监督规程》DL/T 438，汽轮机部分材质化学成分、硬度等检测按照委托单位依据《电力建设施工技术规范 第 3 部分：汽轮发电机组》DL 5190.3、《电力建设施工技术规范 第 5 部分：管道及系统》DL 5190.5、《火力发电厂金属技术监督规程》DL/T 438，热控部分材质化学成分、硬度等检测按照委托单位依据《电力建设施工技术规范 第 4 部分：热工仪表及控制装置》DL 5190.4，机组焊接部分金属检测工作按照《电力建设施工质量验收及评价规程 第 7 部分：焊接》DL/T 5210.7、《火力发电厂焊接技术规程》DL/T 869、《火力发电厂金属技术监督规程》DL/T 438 等要求进行。

机组检测质量验收应由监理单位组织，施工、检测、生产和建设等单位参加。

四、工程移交

工程完成启动、调试、试运行和竣工验收检查后，由启委会决定办理工程向生产运行单位移交。工程在正式移交前，试运行后，由启委会明确由生产运行单位负责运行管理和安全保卫工作。

工程的移交由启委会办理启动竣工验收证书，按证书的内容，签订启委会鉴定书和移交生产运行交接书，列出工程遗留问题处理清单，明确移交的工程范围、专用工器具、备品备件和工程资料清单。

焊接工程质量除进行分批验收、分项工程质量验收外，同步与相应专业进行验收工作，并随相应专业单位工程进行移交。

（一）焊接工程资料的移交

按国家和电力行业规定，在工程竣工验收后应将整个工程有关资料建立工程档案，并要求施工单位在试运行后 1 个月内移交完毕。工程启动带电前需移交的部分应提前移交。施工单位移交的资料由建设单位根据需要向有关单位分发。焊接专业移交的技术资料根据建设单位相关要求和依据《火力发电厂焊接技术规程》DL/T 869 中的相关条款，主要包括以下几个方面：

（1）焊接工程一览表。

（2）受监部位使用的焊接材料质量证件，焊接材料跟踪一览表，焊接材料烘干记录等相关记录。

（3）焊工技术考核一览表和对应的焊工资格证件复件。

（4）焊接工艺评定报告和应用范围统计表。

（5）焊接施工组织设计、重大技术措施、焊接作业指导书及交底记录。

（6）锅炉受热面管子焊接、焊接热处理、焊接检验记录和图表及焊接工程质量验评资料。

（7）主蒸汽、再热蒸汽、汽轮机导汽、主给水管道和锅炉一次门内的本体管道、管子的焊接、焊接热处理、焊接检验记录和图表及焊接工程质量验评资料。

（8）受监焊接接头的质量检验、焊接热处理的质量评价报告和焊接热处理过程的记录曲线。

（9）母线焊接记录及图表。

（10）受监焊接接头和重要部件焊接施工任务书。

（11）焊接工程技术总结和专题技术总结。

（12）焊接专业设计变更单、工程联系单不单独立卷，分别与涉及的其他专业一同组卷。

（13）工程监理单位在试运行完成后 1 个月内移交全部监理认可文件。

（14）分项工程应有照片，要求标注项目名称和时间。

（二）金属检测的移交

金属检测专业在机组的施工过程中作为提供技术服务的一种行为参与建设，在金属检测的工作中没有一个完整的分项系统工程，只是以检测报告作为检测工作完成的一种标志。在工程移交时金属检测以向委托单位提供报告的方式参与移交。金属检测专业移交的内容通常有如下几种：

1. 金属检测报告

金属检测单位向委托单位依据委托内容提供检测报告，报告内容要清晰、准确，签字齐全有效，印章清晰。

2. 电子文档

金属检测单位应向委托单位提供签字、印章齐全的金属检测报告的电子文档，电子文档应该具有同检测报告相同的法律效力。

3. 射线检测底片

射线检测中底片作为承载焊接质量的重要资料存在，在工程移交过程中检测单位应该按照委托单位的委托内容将底片一并交给委托单位，并且告诫委托单位，射线底片不可复制，一定要妥善保管。

五、不符合项处理

（1）对一般不符合项处理。焊接接头局部挖补返修、小径管单口返修等，应根据缺陷产生的性质、方位、部位及缺陷重复发生次数，进行缺陷产生原因分析。表面缺陷采用机械方法消除，有超过标准规定、需要补焊消除的缺陷时，可采取挖补方式返修。但同一位置上的挖补次数不宜超过三次，耐热钢不宜超过两次。

（2）对重大的不符合项处理。应进行原因分析，同时提出返修措施。返修时严格按返修措施相关要求进行，返修后还应按原检验方法进行检验。

（3）不符合焊接接头的特殊处理。在施工中遇到特殊部位、特殊结构、特殊材质及返修后仍难保证质量的焊接接头，应及时向上级部门汇报，并由上级部门召集有关技术人员、施工单位共同参加，分析缺陷的危害，确定妥善的处理办法，并写出会议纪要，由分管领导批准后，存档备查。

（4）经评价为焊接热处理温度或时间不够的焊接接头，应重新进行热处理。因温度过高导致焊接接头部位材料过热的焊接接头，应进行正火处理，或切割重新焊接。

（5）经光谱分析确认不合格的焊缝应进行返工。

第四节　强制性条文执行管理

强制性条文的执行依据《工程建设标准强制性条文　电力工程部分》和《电力建设施工技术规范　第2部分：锅炉机组篇》DL 5190.2、《电力建设施工技术规范　第3部分：汽轮发电机组》DL 5190.3、《电力建设施工技术规范　第4部分：热工仪表及控制装置》DL 5190.4、《电力建设施工技术规范　第5部分：管道及系统》DL 5190.5中标注的黑体字条款内容相关章节及《铝母线焊接工程施工及验收规范》GB 50586中标注的相关内容，结合现场情况，编制符合工程实践的焊接专业强制性条文执行计划、措施，并审批交底。定期检查强制性条文执行情况，并分析原因，制定针对性的纠偏措施。每一项工程施工完必须对工程涉及的强制性条文内容进行专项检查。

一、强制性条文的实施

工程建设标准强制性条文是电力建设过程中参与建设活动各方应强制执行的工程建设技术法规，是从源头上、技术上保证工程安全与质量的关键所在，国家要求列入强制性条文的所有条文都必须严格执行，对不执行强制性条文的，政府主管部门将依据《工程建设质量管理条例》进行处罚，凡违反强制性条文要求的就是违法。

强制性条文是验收规范的一部分，在施工及验收中是检查工作的重点条目，必须全面地执行。

（一）基本规定

参建各责任主体单位应进行强制性条文的执行策划，建立保证强制性条文执行的有关考核、奖惩管理制度。

工程强制性条文执行要求应纳入招标文件内容，作为设计、施工定标的依据之一。

参建各责任主体单位工程管理及技术人员必须熟悉本专业强制性条文，在施工过程中如发现勘察设计有不符合强制性条文规定的，应及时向勘察、设计单位或建设单位提出书面意见和建议。

（二）强制性条文执行准备

工程项目施工图设计前，勘察设计单位应明确本工程项目所涉及的强制性条文，编制焊接专业设计强制性条文执行计划以及金属检测专业设计强制性条文执行计划，经内部审批后，报设计监理单位审核，建设单位批准执行。

工程项目开工前，施工单位应按单位、分部、分项工程明确本工程项目所涉及的强制性条文，编制焊接专业施工强制性条文执行计划以及金属检测专业强制性条文执行计划，经内部审批后，报监理单位审核，建设单位批准执行，保证工程项目执行强制性条文的完整性。

施工单位根据审批完的工程施工强制性条文执行计划，适时按专业对相关人员进行培训，并形成培训记录（培训记录包括工程名称、培训日期、培训地点、培训课时、主讲人、培训人数、培训内容等）。

施工单位应根据工程实际进展情况按检验批或分项工程同步填写焊接专业施工强制性条文执行记录表和金属检测专业施工强制性条文执行记录表，经自查后，由具备资格的质量检查员签字确认，安全部分由专职安全员签字确认。

施工单位在施工方案（措施）和作业指导书的安全、技术交底内容中，须明确本工序涉及的强制性条文，不再进行强制性条文的专项交底。

（三）强制性条文的执行

在工程勘察设计阶段，强制性条文执行的主体责任单位为勘察设计单位。

勘察设计单位应严格按强制性条文进行勘察设计，对强制性条文实施计划进行分解细化，并据实填写焊接专业设计强制性条文执行检查表。如委托设计监理单位，设计监理单位应对勘察设计成果执行强制性条文的情况进行审核。在施工图会审前，提交建设单位。

工程施工阶段，强制性条文执行的主体责任单位为施工单位。

工程施工过程中，施工单位相关责任人应及时将强制条文实施计划的落实情况，根据工程进展按分项工程据实记录、填写焊接专业施工强制性条文执行记录表，并由监理工程师审核。

金属检测过程中，强制性条文执行的主体责任单位为检测单位。

金属检测过程中，检测单位相关责任人应及时将强制条文实施计划的落实情况，根据工程进展按分项工程据实记录、填写金属检测专业施工强制性条文执行记录表，并由监理工程师审核。

（四）强制性条文执行情况的检查

（1）监理单位不是强制性条文的执行主体，而是检查主体，应对勘察设计和施工单位强制性条文执行情况进行检查。

（2）工程验收时，监理单位应对强制性条文执行情况进行阶段性检查，并对阶段性（分部工程）已执行强制性条文进行汇总。填写焊接专业施工强制性条文执行情况检查表和金属检测专业施工强制性条文执行情况检查表。

（五）强制性条文执行情况的核查

（1）在工程竣工验收阶段，对强制性条文执行情况核查的主体责任单位为建设单位。

（2）工程竣工验收时，勘察、设计单位应向建设单位提交焊接专业设计强制性条文执行情况检查表和金属检测专业设计强制性条文执行情况检查表，施工、监理单位应向建设单位提交焊接专业施工强制性条文执行记录表、焊接施工强制性条文执行检查表以及金属检测专业施工强制性条文执行记录表、金属检测强制性条文执行检查表。

（3）在工程竣工验收时，监理单位应及时对照经审批的强制性条文执行计划，填写焊接专业以及金属检测专业工程强制性条文执行汇总表，报建设单位审核、确认。

二、焊接专业强制性条文检查的主要内容

焊接专业强制性条文检查的主要内容见表 3-4。

表 3-4　　　　　　　　　焊接专业强制性条文检查的主要内容

序号	强制性条文内容	引用标准
1	1.0.5 在钢结构设计文件中，应注明建筑结构的设计使用年限、钢材牌号、连接材料的型号（或钢号）和对钢材所要求的力学性能、化学成分及其他的附加保证项目。此外，还应注明所要求的焊缝形式、焊缝质量等级、端面刨平顶紧部位及对施工的要求	《钢结构设计规范》（GB 50017—2003）
2	3.3.3 承重钢结构采用的钢材应具有抗拉强度、伸长率、屈服强度和硫、磷含量的合格保证，对焊接结构商应具有含碳量的合格保证。焊接承重结构以及重要的非焊接承重结构采用的钢材还应具有冷弯试验的合格保证	《火力发电厂汽轮机防进水和冷蒸汽导则》（DL/T 834—2003 第 3.1.2 款）
3	3.4.1 钢材的强度设计值，应根据钢材厚度或直径按表 3.4.1-1 采用。钢铸件的强度设计值应按表 3.4.1-2 采用。连接的强度设计值应按表 3.4.1-3～3.4.1-5 采用	《火力发电厂汽轮机防进水和冷蒸汽导则》（DL/T 834—2003 第 3.1.5 款）
4	4.2.1 钢材、钢铸件的品种、规格、性格等应符合现行国家产品标准和设计要求	《钢结构工程施工质量验收规范》（GB 50205—2001）
5	4.3.1 焊接材料的品种、规格、性能等应符合现行国家产品标准和设计要求	

序号	强制性条文内容	引 用 标 准
6	5.2.2 焊工必须经考试合格并取得合格证书。持证焊工必须在其考试合格及其认可范围内施焊	
7	5.2.4 设计要求全焊透的一、二级焊缝应采用超声检测进行内部缺陷的检验，超声检测不能对缺陷做出判断时，应采用射线检测，其内部缺陷分级及检测方法应符合现行国家标准《钢焊缝手工超声波检测方法和检测结果分级法》GB 11345 或《钢熔化焊对接接头射线照相和质量分级》GB 3323 的规定。 焊接球节点网架焊缝、螺栓球节点网架焊缝及圆管 T、K、Y 形节点相贯线焊缝，其内部缺陷分级及检测方法应分别符合国家现行标准《焊接节点钢网架焊缝超声波探伤方法及质量分级法》JG/T 3034.1、《螺栓球节点钢网架焊缝超声波探伤方法及质量分级法》JG/T 3034.2、《建筑钢结构焊接技术规程》JGJ 81 的规定。 一级、二级焊缝的质量等级及缺陷分级应符合表 5.2.4 的规定	《钢结构工程施工质量验收规范》（GB 50205—2001）
8	4.0.1 钢结构焊接工程用钢材及焊接材料应符合设计文件的要求，并应具有钢厂和焊接材料厂出具的产品质量证书或检验报告，其化学成分、力学性能和其他质量要求应符合国家有关标准的规定	
9	5.7.1 承受动载需经疲劳验算时，严禁使用塞焊、槽焊、电渣焊和气电立焊接头	《钢结构焊接规范》（GB 50661—2011）
10	6.1.1 除符合本规范第 6.6 节规定的免予评定条件外，施工单位首次采用的钢材、焊接材料、焊接方法、接头形式、焊接位置、焊后热处理制度以及焊接工艺参数、预热和后热措施等各种参数的组合条件，应在钢结构构件制作及安装施工之前进行焊接工艺评定	
11	8.1.8 抽样检验应按下列规定进行结果判断： 1 检验的焊缝抽样数不合格率小于 2%，该批验收合格； 2 检验的焊缝抽验数不合格率大于 5%时，该批验收不合格； 3 除本条 5 款情况抽样检验的焊缝数不合格率为 2%～5%时，应加倍抽检，且必须在原不合格部位两侧焊缝延长线各增加一处，在所有抽检焊缝中不合格率小于 3%时，该批验收合格，大于 3%时，该批验收不合格； 4 批量验收不合格时，应对该批余下的全部焊缝进行检验； 5 检验发现 1 处裂纹缺陷时，该验收批合格；检验发现多于 1 处裂纹缺陷或加倍抽检又发现裂纹缺陷时，该批验收不合格，应对该批余下焊缝的全数进行检查	
12	3.1.11 设备安装过程中，应及时进行检查验收；上一工序未经检查验收合格，不得进行下一工序施工。隐蔽工程隐蔽前必须经检查验收合格，并办理签证	《电力建设施工技术规范 第 2 部分：锅炉机组篇》（DL 5190.2—2012）
13	5.1.4 合金钢材质的部件应符合设备技术文件的要求；组合安装前必须进行材质复查，并在明显部位做出标识；安装结束后应核对标识，标识不清时应重新复查	

序号	强制性条文内容	引用标准
14	5.2.7 不得在汽包、及联箱上引弧和施焊,如需施焊,必须经制造厂同意,焊接前应进行严格的焊接工艺评定试验	《电力建设施工技术规范 第 2 部分:锅炉机组篇》（DL 5190.2—2012）
15	6.1.2 合金钢管子、管件、管道附件及阀门在使用前逐件进行光谱复查,并作出材质标记	
16	3.3.5 设备安装时,建筑物的保护应符合下列规定: 2 禁止在重要金属结构上任意施焊、切割,必须进行时应制定措施,并经审批	《电力建设施工技术规范 第 3 部分:汽轮发电机组》（DL 5190.3—2012）
17	4.9.3 汽轮机扣大盖前应完成下列各项工作并符合要求,且安装记录、签证应齐全; 14 气缸全部合金钢部件已做光谱复查,并符合要求。 15 高温紧固件已做硬度及光谱复查,符合制造厂要求做记录	
18	7.3.2 严禁在缸体上施焊或引燃电弧	
19	3.1.6 合金钢部件、取源管安装前、后,必须经光谱分析复查合格,并应做记录	《电力建设施工技术规范 第 4 部分:热工仪表及控制装置》（DL 5190.4—2012）
20	4.1.4 合金钢管道、管件、管道及阀门在使用前,应逐件进行光谱复查,并作材质标记	《电力建设施工技术规范第 5 部分:管道及系统》（DL 5190.5—2012）
21	1.0.3 从事铝母线焊接的焊工必须有焊工考核合格证,才能上岗操作	
22	4.1.2 铝板（带）剪切断面应无裂纹	
23	7.2.3 焊缝金属表面焊波应均匀,不得有裂纹、烧穿、弧坑、针状气孔、缩孔等缺陷	铝母线焊接工程施工及验收规范（GB 50586—2010）
24	8.2.4 短路通电检查的试验电流达到设计额定工作电流2h后,铝母线的导电性能应符合下列规定: 1 铝母线的电压降应符合下列规定: 1）单台电解槽的停槽电压降应符合设计要求,电压降运行偏差为 5mV。 2）立柱母线压接面两侧各距 50mm 间的电压降为 12mV。 3）立柱短路接口的压接面两侧各距 50mm 间的电压降为 20mV。 2 铝母线焊接接头的电压降在电流密度为 $0.3A/mm^2$ 时,焊接接头焊缝中心线两侧各距 50mm 间的电压降为 1.5mV	
25	5.0.1 在掌握材料的焊接性能后,必须在工程焊接前进行焊接工艺评定	现场设备、工业管道焊接工程施工规范（GB 50236—2011）

第四章

质量监督检查常见质量问题及分析

在质量监督检查中，常常会发现各种各样的质量问题，特别是电力工程的焊接及金属检测的质量问题，这些问题会影响工程实体的安全质量和工程的使用功能。质量监督工程师应掌握质量问题的分析方法，分析质量问题发生的原因，提出工程质量问题的预防措施。本章按《火力发电工程质量监督检查大纲》要求，针对与焊接及金属检测相关的质量监督阶段：锅炉水压试验前、汽轮机扣盖前、机组整套启动前、商业进行前监督检查阶段，对质量监督中常常遇到的焊接及金属检测典型质量问题举例，并对产生问题的原因进行分析，以便质量监督检查人员在培训时了解和交流质量监督检查过程中可能发现的问题。

特别是关键工序、重要部位等的焊接实体质量的抽查验证、检测试验的监督检验工作，都是专业质量监督工程师需要完成的工作。

第一节 锅炉水压试验前焊接质量监督检查常见质量问题及分析

在锅炉水压试验前的质量监督检查工作过程中，焊接工程质量是监督检查的重点项目，主要包括本阶段有关责任主体的焊接及金属检测质量行为的监督检查，已验收完成的工程实体质量的核查验证，检测试验工作的监督检验等。

一、专业管理（质量行为）

1. 焊接工艺评定、焊接工艺卡不能覆盖焊接施工项目

原因分析：由于机组涉及的钢材材质、规格种类繁多，在施工前对设计图纸查阅不全，导致对焊接工程施焊项目统计不全面，核对工艺评定覆盖项目不严谨，容易造成焊接工艺评定漏项现象，以至于影响焊接作业指导书、焊接工艺卡等技术措施的编制及交底工作，无法保证焊接工作按照策划要求有序地进行。

2. 焊接缺陷处理管理不规范

原因分析：设备在运输过程中和安装前发现的焊接缺陷，只是按照设备厂家的建议进行处理或者是提交设备缺陷单告知业主、监理，但缺少缺陷处理的相关记录，如预热、焊接、热处理、无损检测等，不符合工程技术档案管理规定，不便于后续机组竣工档案跟踪。

3. 监理实施细则中对需要进行旁站的工序描述不清晰

原因分析：因部分监理人员对工程的理解、把握程度及业务水平"参差不齐"，为保证监理人员在工程关键部位或关键工序施工过程中进行"要点"控制，要求在监理细则中描述需要旁站的工序、内容、方法以及旁站过程中可能出现问题的纠正或预防措施。

4. **焊接材料使用跟踪不到位，可追溯性记录不规范**

原因分析：现场焊接项目使用的焊接材料管理程序不规范，管理及焊接人员工作责任心不强，验收、保管、发放、领用与使用的可追溯性记录对应不准确或缺漏。

5. **焊接工程项目质量验收滞后**

原因分析：现场焊接项目已完成施工，由于现场质量验收管理不到位，导致焊接工程质量分批验收记录、焊接分项工程综合质量验收评定表没有及时形成。

二、实体质量

锅炉本体鳍片密封漏焊或密封焊缝外观工艺质量较差。

原因分析：锅炉本体安装焊接过程中，受热面鳍片密封漏焊或密封焊缝外观工艺质量较差出现的概率较高，分析原因主要有以下几个方面：

（1）由于锅炉本体部分鳍片密封焊接位置空间狭小，如水冷壁底部拐角密封处、立式过热器或卧式过热器的一次密封、炉膛四角密封角部连接处等，焊工施焊范围受到限制，容易造成此处的鳍片密封焊缝漏焊和焊缝外观产生咬边、夹渣弧坑缺陷，焊接施工方案不具有针对性，焊接准备考虑不充分，设施不能充分满足施焊条件。

（2）由于设备原因使得鳍片密封板组装间隙过大，安装时没有采用扁钢填充，而是采用钢筋和其他填充，使得焊缝无法焊透，在焊缝中容易产生夹渣等缺陷。

（3）施焊人员操作不规范，自检和专检工作不认真，没有按照规范要求完成规定的检验项目。

第二节　锅炉水压试验前金属检测监督检查常见质量问题及分析

在锅炉水压试验前的质量监督检查工作过程中，金属检测质量是监督检查的重点项目，主要包括本阶段有关检测试验机构的能力认定、检测方法的选择、锅炉水压中不符合项的闭环情况等质量行为的监督检查，以及检测试验机构开展检测试验过程中实体质量的核查验证等。

一、专业管理（质量行为）

1. **项目检测试验机构未进行能力认定并取得相应证书**

原因分析：建设单位、监理单位未认真履行职责，没有按照质量监督实施管理程序的要求及时申报项目检测试验机构的能力认定。检测试验机构进入施工现场后如果没有通过相应的能力认定，所出具的检测报告均不能作为有效的检测结论。

2. **现场使用放射源，未进行项目当地环保部门的审批备案**

原因分析：检测试验机构对相关法律法规认识不够，检测试验机构未能及时履行申报备案工作，建设和监理单位未履行监督职责。放射源作为国家重点监控的危险物质，必须要有合法性，由于放射源的这种特性，出现重大危险事故，对现场的一切质量及施工行为均会带来不可预见的损失。

3. **金属材料代用手续办理不及时**

原因分析：合金钢材质光谱分析结果与设计材质不符时，检测结果通知单经设计单位与制造单位认可后同意代用，施工单位未及时办理闭环手续，监理单位没有及时监督管理到位，建设单位组织闭环不及时。

二、实体质量

1. 锅炉受热面管无损检测中，小径管焊接接头射线检测椭圆成像开口间距不符合标准规定要求

原因分析：小径管焊接接头射线检测中，由于现场透照人员没有严格执行工艺卡或工艺卡相关参数不正确，致使射线检测椭圆成像开口间距不符合标准规定要求。可能导致焊接接头根部未熔合、未焊透漏检。

2. 锅炉过热器 T91 焊接接头硬度检验结果误判

原因分析：（1）硬度仪及硬度测试试块未经过计量检定。

（2）硬度检验时焊接接头表面未满足标准规定的检验条件。

（3）硬度检验人员操作不当。

由于上述原因，可能会导致硬度值超标的焊接接头误判为合格。

第三节　汽轮机扣盖前焊接质量监督检查常见质量问题及分析

在汽轮机扣盖前的质量监督检查工作过程中，焊接工程质量重点项目是与汽缸相连接的热力管道，监督检查中主要包括本阶段有关责任主体的焊接及金属检测质量行为的监督检查，已验收完成的工程实体质量的核查验证，检测试验工作的监督检验等。

一、专业管理（质量行为）

1. 凝汽器喉部和汽轮机低压缸排汽管连接的焊接记录不齐全

原因分析：由于焊接施工组织管理不重视，焊接质检人员没有及时按照焊接质量管理程序进行验收，致使凝汽器喉部和汽轮机低压缸排汽管连接的焊接记录未及时形成。

2. 与汽缸连接管道焊接及热处理资料不全

原因分析：由于与汽缸连接的热力管道按管道系统划分为分项工程，没有及时形成与汽缸连接热力管道焊接接头至第一个支吊架的焊接记录，缺少有关的焊接接头焊后热处理质量评价表等。

二、实体质量

与汽缸连接的管道安装焊接工作未到第一个支吊架处。

原因分析：由于与汽缸连接的热力管道如抽汽、冷段、导汽管等与汽缸焊接、热处理时产生的热应力使缸体位移、变形，影响汽轮机轴系中心及通流间隙，因此必须在汽轮机扣盖前完成。

第四节　汽轮机扣盖前金属检测监督检查常见质量问题及分析

在汽轮机扣盖前的质量监督检查工作过程中，金属检测质量同样是监督检查的重点项

目，主要包括本阶段有关检测试验机构中检测试验人员能力认定、检测试验采用的仪器设备认定、涉及汽轮机扣盖中各合金钢零部件不符合项的闭环情况等质量行为的监督检查，以及和检测机构开展检测试验过程中实体质量的核查验证等。

一、专业管理（质量行为）

1. 申报的检测试验人员资格证件过期

原因分析：由于检测试验机构对检测试验人员的证件没有进行动态管理，换证后没有及时更新申报。

2. 申报的检测仪器设备计量检定证书过期

原因分析：由于检测试验机构对检测试验设备计量检定证书没有进行动态管理，重新检定后没有及时更新申报。

二、实体质量

1. 汽轮机扣盖范围内合金钢零部件光谱复查漏检

原因分析：技术人员对汽轮机扣盖范围内合金钢零部件识别不全，委托漏项；检测试验人员接受委托后，按照委托的数量进行检验。

2. 高温紧固件超声检测工艺参数选择不当，影响检测结果准确性

原因分析：高温紧固件超声检测与焊接接头超声检测工艺有很大差别，检测人员对标准工艺要求理解不足，探头和试块选择不当，或检测人员没有经过专项培训，从而影响结果判定。

第五节　机组整套启动前焊接监督检查常见质量问题及分析

在机组整套启动前的质量监督检查工作过程中，焊接工程质量重点项目包括焊接资料的整理、收集和汇总，其他部件有关责任主体的焊接及金属检测质量行为的监督检查，已验收完成的工程实体质量的核查验证，检测试验工作的监督检验等。

一、专业管理（质量行为）

1. 完成的焊接工程一览表内容不完善

原因分析：对焊接工程质量管理不连续，数据收集汇总不全面，编制、审核、批准履行手续不齐全。

2. 四大管道焊接及热处理验收资料不齐全

原因分析：各级质量验收人员对焊接工程质量验收重视程度不够，验收管理程序不连续，完成焊接及热处理后资料没有及时收集整理。

二、实体质量

中、低压管道焊接外观质量差、焊接缺陷较多。

原因分析：在安装工作中，往往重视高压管道，轻视中低压管道；重视大管道、忽视小

管道；重视主管道，忽视附属管道。对中低压焊接接头的焊接热处理工艺执行不严格，对中低压某些合金钢焊接接头焊前不按要求预热，导致焊缝产生焊接缺陷。

第六节　机组整套启动前金属检测监督检查常见质量问题及分析

在机组整套启动前的质量监督检查工作过程中，监督检查的重点项目是金属检测机构工作的完成情况和完成质量，主要包括本阶段有关检测试验机构的管理、检测质量、数据整理等质量行为的监督检查，以及检测机构在检测过程中实体质量的核查验证等。

一、专业管理（质量行为）

1. 中低压管道检测记录、报告不及时

原因分析：由于机组整套启动试运前，中低压管道、附属管道较多，开展的检测试验项目也多，检测试验机构没有及时根据检测记录签发检测报告。检测试验管理程序不连续，检测试验人员无法满足工程检测需要。

2. 焊接工程检测一览表内容不完善

原因分析：对检测试验质量管理不连续，检测内容及数据收集、整理、汇总不全面。

二、实体质量

1. 主蒸汽管道三通部分焊接接头超声检测工艺选择不当，影响检测结果的准确性

原因分析：①由于现场检测条件不能达到标准要求的检验等级需要增加探头数量，而没有增加；②增加的探头角度值差不满足标准要求；③现场焊接接头的扫查条件不满足标准要求。

2. 材质为 $9\% \sim 12\%Cr$ 的主汽管道、热段管道 δ-铁素体含量判定不准确

原因分析：金相检验人员在拍摄金相组织照片时未达到标准倍数，金相显微组织照片对比度层次不清晰，从而导致对 δ-铁素体判定不准确。

参 考 文 献

[1] 国家电力公司电力建设工程质量监督总站. 电力建设工程质量监督工程师培训教材　电力建设工程施工质量监督. 北京：中国电力出版社，2002.

[2] 电力工程质量监督总站. 火力发电工程建设标准强制性条文实施指南（2013年版）. 北京：中国电力出版社，2013.

[3] 赵永宁，邱玉堂. 火力发电厂金属监督. 北京：中国电力出版社，2007.

[4] 冯砚厅. 超（超）临界机组金属材料焊接技术. 北京：中国电力出版社，2011.